实践技能课程系列教材

MSP430 单片机
实训教程

主　编　李怀亮
副主编　张全禹

黑龙江大学出版社
HEILONGJIANG UNIVERSITY PRESS
哈尔滨

图书在版编目（CIP）数据

MSP430 单片机实训教程 / 李怀亮主编 . -- 哈尔滨 ：
黑龙江大学出版社， 2024.4
ISBN 978-7-5686-1154-1

Ⅰ．①M… Ⅱ．①李… Ⅲ．①微控制器－教材 Ⅳ．
① TP368.1

中国国家版本馆 CIP 数据核字（2024）第 085514 号

MSP430 单片机实训教程
MSP430 DANPIANJI SHIXUN JIAOCHENG
李怀亮　主编　张全禹　副主编

责任编辑　高　媛
出版发行　黑龙江大学出版社
地　　址　哈尔滨市南岗区学府三道街 36 号
印　　刷　天津创先河普业印刷有限公司
开　　本　787 毫米 ×1092 毫米　1/16
印　　张　17
字　　数　362 千
版　　次　2024 年 4 月第 1 版
印　　次　2024 年 4 月第 1 次印刷
书　　号　ISBN 978-7-5686-1154-1
定　　价　57.00 元

前　言

MSP430 单片机是一个低功耗、高性能的单片机系列。它在电子设备、通信、汽车和工业控制等领域中得到了广泛应用。为培养单片机技术开发和嵌入式技术开发方面的人才,笔者根据多年单片机技术方面的教学经验和学科竞赛指导经验编写了本实训教程。通过学习 MSP430 单片机,学生将能够掌握具有实际应用价值的技能,提升自己在工程和科技领域的竞争力。

本实训教程主要介绍 Proteus 硬件仿真平台和以 MSP430F149 单片机为核心的学习板。笔者精心编写了 16 个实训项目,旨在引导学生了解 MSP430 单片机的结构、原理和应用,并使学生通过实践操作来加深对相关概念和技术的理解,掌握 MSP430 开发工具的使用和常用外设的程序设计方法,逐步培养学生从简单到复杂、从基础到综合应用的全面解决问题的能力,以及团队合作精神和创新思维。本实训教程具有如下特点:

1. 在理论知识的基础上,提供了丰富的实训项目,帮助学生通过实际操作来巩固所学内容,培养学生的实践能力和创新思维。

2. 采用渐进的难度设置,从简单到复杂、从基础到综合循序渐进地引导学生逐步学习和掌握 MSP430 单片机的知识和技能。

3. 提供了大量的实训任务,使学生能够更好地理解和应用所学知识,帮助学生巩固所学知识并进行自我检验,以便学生可以及时检查和改进自己的学习成果。

4. 编程语言易学易用。实训项目的软件部分采用 C430 编写程序,与汇编语言相比,其更加易学易用,还可以大大提高编程效率和项目开发周期。

本实训教程的出版获得"2023 年度校本教材编写资助项目"(XBJC202306)的资助。本实训教程由绥化学院李怀亮、张全禹共同编写。李怀亮老师负责编写实训九至实训十六,共计 19.6 万字;张全禹老师负责编写实训一至实训八,共计 16.6 万字;全书由李怀亮老师负责统稿。

由于编者水平有限,书中难免存在不足之处,敬请广大读者和同行批评指正,提出宝贵意见,以便我们进一步修订和完善。

编者

2023 年 8 月

目　录

实训一 开发工具使用及基础知识

一、实训目的

1. 学会 Proteus 软件的仿真方法。

2. 了解 MSP430F149/249 芯片的引脚及其功能。

3. 了解 MSP430 的 C 语言程序设计方法。

二、实训原理

1. C 语言关键字说明

表 1.1　C 语言的关键字用途说明

关键字	用途	说明
char	声明字符型变量或函数,取值范围为-128~+127	数据类型
double	声明双精度变量或函数	
void	声明函数无返回值或无参数,声明无类型指针	
unsigned	声明无符号类型变量或函数	
signed	声明有符号类型变量或函数	
short	声明短整型变量或函数	
long	声明长整型变量或函数,取值范围为-2 147 483 648~+2 147 483 647	
int	声明整型变量或函数,取值范围为-32 768~+32 767	
float	声明浮点型变量或函数	
sizeof	计算数据类型长度	
volatile	声明变量在程序执行中可被隐含地改变	
const	声明常量	
static	声明外部变量	存储类型
register	声明寄存器变量	
extern	声明外部变量	

续表

关键字	用途	说明
return	函数返回语句,返回一个值	程序语句
case	开关语句分支	
default	switch 语句的失败选择项	
switch	开关语句	
goto	无条件跳转语句	
else	构成 if...else 选择语句	
if	条件语句	
continue	结束当前循环,开始下一轮循环	
break	跳出当前循环体	
while	构成 while 和 do...while 循环语句	
do	循环语句的循环体	
for	循环语句	

2. 位操作指令说明

位操作指令大部分存在于早期速度不高的 CISC 处理器(以 8051 为代表)中,以提高执行效率,弥补 CPU 运算速度的不足。目前几乎所有的 RISC 处理器都取消了位操作指令,MSP430 单片机也不例外。在 MSP430 的 C 语言中,也不支持位变量,因为位操作完全可以由变量与掩模位之间的逻辑操作来实现。

例如,将 P2.0 置高、将 P2.1 置低,将 P2.2 取反,可以写成:

P2OUT| = 0x00 是将 P2.0 置高,对应二进制为 00000001。

P2OUT& = ~0x02 是将 P2.1 置低,对应二进制为 00000010。

P2OUT^ = 0x04 是将 P2.2 取反。

在寄存器头文件中,将 BIT0~BIT7 定义成 0x01~0x80,上述程序也可以写成:

P2OUT| = BIT0 是将 P2.0 置高。

P2OUT& = ~BIT1 是将 P2.1 置低。

P2OUT^ = BIT2 是将 P2.2 取反。

多位可以同时操作,如将 P1.1、P1.2、P1.3、P1.4 全置高/低可以写成:

P1OUT| = BIT1+BIT2+BIT3+BIT4 是将 P1.1、P1.2、P1.3、P1.4 全置高。

P1OUT& = ~(BIT1+BIT2+BIT3+BIT4)是将 P1.1、P1.2、P1.3、P1.4 全置低。

实际上,这条语句相当于:

P1OUT| = 0x1e 是将 P1.1、P1.2、P1.3、P1.4 全置高。

对于读操作,也可以通过寄存器与掩模位之间的"与"操作来实现。例如,通过 P1.5、P1.6 端口控制位于 P2.0 端口的 LED。下面代码为读取 P1.5 端口和 P1.6 端口的值:

char key;

if((P1IN&BIT5) = = 0)

　　P2OUT|=BIT0;//若 P1.5 为低,则 P2.0 端口的 LED 亮

if(P1IN & BIT5)

　　P2OUT|=BIT1;//若 P1.5 为高,则 P2.1 端口的 LED 亮

if(P1IN&(BIT5+BIT6))

　　P2OUT|=BIT0;//若 P1.5 和 P1.6 任一为高,则点亮 LED

if((P1IN&(BIT5+BIT6))!=(BIT5+BIT6))

　　P2OUT|=BIT0;//若 P1.5 和 P1.6 任一为低,则点亮 LED

if(P1IN&BIT5)

　　key=1;

else

　　key=0;//读取 P1.5 状态赋给变量 key

另外,还有一种流行的位操作写法,用(1<<x)来替代 BITx 宏定义:

P2OUT|=(1<<0)是将 P2.0 置高。

P2OUT&=~(1<<1)是将 P2.1 置低。

P2OUT^=(1<<2)是将 P2.2 取反。

if((P1IN&(1<<5))==0)

　　P2OUT|=(1<<0);//若 P1.5 为低,则 P2.0 端口的 LED 亮

这种写法的好处是使用纯粹的 C 语言表达式实现,不依赖于 MSP430 的头文件中 BITx 的宏定义,无须改动即可移植到任何其他单片机上,但可读性较差。

3. 预编译处理命令介绍

表 1.2　指令和用途

指令	用途
#include	包含一个源代码文件
#define	定义宏
#undef	取消已定义的宏
#if	如果给定条件为真,则编译下面代码
#ifdef	如果宏已经定义,则编译下面代码
#ifndef	如果宏没有定义,则编译下面代码
#else	如果前面的#if 给定条件不为真,当前条件为真,则编译下面代码
#endif	结束一个#if...#else 条件编译块
#error	停止编译并显示错误信息
#pragma	用于传送控制指令

三、硬件实训

学习板的硬件部分包括 MSP430F149 单片机、LED 发光二极管、数码管、LCD1602 液

晶显示器、LCD12864 液晶显示器、DS1302 时钟芯片、555 定时器、光敏电阻、热敏电阻等硬件资源,由于 LED 发光二极管、数码管、LCD1602 液晶显示器等硬件基础知识在专业基础和技能实训环节已多次介绍,本书主要介绍 MSP430F149 单片机,其他硬件部分知识不再赘述。

1. MSP430F149 单片机简介

(1)MSP430F149 单片机采用 16 位 RISC 架构。

(2)时钟包含 1 个数控振荡器(DCO)和 2 个晶体振荡器。

(3)看门狗定时器,可用作通用定时器。

(4)捕获/比较寄存器为 16 位,分为 3 个 Timer_A3 和 7 个 Timer_B7。

(5)中断包含 P1 和 P2 端口。

(6)I/O 端口包含 P1、P2、P3、P4、P5 和 P6。

(7)模拟比较器 Comparator_A。

(8)12 位 A/D 转换器。

(9)串行通信接口 USART0 和 USART1。

(10)硬件乘法器。

(11)60 KB+256 B 的 Flash 程序存储器,2 KB 的 RAM 数据存储器。

2. MSP430F149 芯片引脚说明

DVCC,1 脚,电源正极,1.8~3.6 V。

P6.3/A3,2 脚,通用数字 I/O,模拟量输入 A3。

P6.4/A4,3 脚,通用数字 I/O,模拟量输入 A4。

P6.5/A5,4 脚,通用数字 I/O,模拟量输入 A5。

P6.6/A6,5 脚,通用数字 I/O,模拟量输入 A6。

P6.7/A7,6 脚,通用数字 I/O,模拟量输入 A7。

VREF+,7 脚,ADC12 参考电压正端输出。

XIN,8 脚,晶振 XT1。

XOUT,9 脚,晶振 XT2。

VeREF+,10 脚,外部参考电压输入。

VREF-/VeREF-,11 脚,参考电压负端。

P1.0/TACLK,12 脚,通用数字 I/O,定时器 A 时钟信号输入。

P1.1/TA0,13 脚,通用数字 I/O,定时器 A 比较 OUT0 输出或捕获 CCI0A 输入。

P1.2/TA1,14 脚,通用数字 I/O,定时器 A 比较 OUT1 输出或捕获 CCI1A 输入。

P1.3/TA2,15 脚,通用数字 I/O,定时器 A 比较 OUT2 输出或捕获 CCI2A 输入。

P1.4/SMCLK,16 脚,通用数字 I/O,SMCLK 输出。

P1.5/TA0,17 脚,通用数字 I/O,定时器 A 比较 OUT0 输出。

P1.6/TA1,18 脚,通用数字 I/O,定时器 A 比较 OUT1 输出。

P1.7/TA2,19 脚,通用数字 I/O,定时器 A 比较 OUT2 输出。

P2.0/ACLK,20 脚,通用数字 I/O,ACLK 输出/比较器 A 输入。

P2.1/TAINCLK,21 脚,通用数字 I/O,定时器 A 时钟信号 INCLK,比较器 A 输入。

P2.2/CAOUT/TA0,22 脚,通用数字 I/O,定时器 A 捕获 CCI0B 输入,比较器 A 输出,
BSL 接收,比较器 A 输入。

P2.3/CA0/TA1,23 脚,通用数字 I/O,比较器 A 输入,定时器 A 比较 OUT1 输出。

P2.4/CA1/TA2,24 脚,通用数字 I/O,比较器 A 输入,定时器 A 比较 OUT2 输出。

P2.5/ROSC,25 脚,通用数字 I/O,DCO 外部电阻输入。

P2.6/ADC12CLK,26 脚,通用数字 I/O,ADC12 转换时钟。

P2.7/TA0,27 脚,通用数字 I/O,定时器 A 比较 OUT0 输出,比较器 A 输入。

P3.0/UCB0STE,28 脚,通用数字 I/O,USCI B0 从模式传输允许。

P3.1/UCB0SIMO,29 脚,通用数字 I/O,USCI B0 从模式输入/主模式输出。

P3.2/UCB0SOMI,30 脚,通用数字 I/O,USCI B0 从模式输出/主模式输入。

P3.3/UCB0CLK,31 脚,通用数字 I/O,USCI B0 时钟。

P3.4/UCA0TXD,32 脚,通用数字 I/O,UART 模式 USCI A0 数据输出。

P3.5/UCA0RXD,33 脚,通用数字 I/O,UART 模式 USCI A0 数据输入。

P3.6/UCA1TXD,34 脚,通用数字 I/O,UART 模式 USCI A1 数据输出。

P3.7/UCA1RXD,35 脚,通用数字 I/O,UART 模式 USCI A1 数据输入。

P4.0/TB0,36 脚,通用数字 I/O,定时器 B 比较 OUT0 输出或捕获 CCI0A/B 输入。

P4.1/TB1,37 脚,通用数字 I/O,定时器 B 比较 OUT1 输出或捕获 CCI1A/B 输入。

P4.2/TB2,38 脚,通用数字 I/O,定时器 B 比较 OUT2 输出或捕获 CCI2A/B 输入。

P4.3/TB3,39 脚,通用数字 I/O,定时器 B 比较 OUT3 输出或捕获 CCI3A/B 输入。

P4.4/TB4,40 脚,通用数字 I/O,定时器 B 比较 OUT4 输出或捕获 CCI4A/B 输入。

P4.5/TB5,41 脚,通用数字 I/O,定时器 B 比较 OUT5 输出或捕获 CCI5A/B 输入。

P4.6/TB6,42 脚,通用数字 I/O,定时器 B 比较 OUT6 输出或捕获 CCI6A/B 输入。

P4.7/TBCLK,43 脚,通用数字 I/O,定时器 B 时钟输入。

P5.0/UCB1STE,44 脚,通用数字 I/O,USCI B1 从模式传输允许。

P5.1/UCB1SIMO,45 脚,通用数字 I/O,USCI B1 SPI 模式从入主出。

P5.2/UCB1SOMI,46 脚,通用数字 I/O,USCI B1 SPI 模式从出主入。

P5.3/UCB1CLK,47 脚,通用数字 I/O,USCI B1 时钟。

P5.4/MCLK,48 脚,通用数字 I/O,MCLK 输出。

P5.5/SMCLK,49 脚,通用数字 I/O,SMCLK 输出。

P5.6/ACLK,50 脚,通用数字 I/O,ACLK 输出。

P5.7/TBOUTH,51 脚,通用数字 I/O,定时器 TB0~TB6 PWM 输出高阻态选择位。

XT2OUT,52 脚,晶振 XT2。

XT2IN,53 脚,晶振 XT2。

TDO/TDI,54 脚,JTAG 口测试数据输出。

TDI,55 脚,JTAG 口测试数据输入。

TMS,56 脚,JTAG 口测试模式选择。

TCK,57 脚,JTAG 口测试时钟。

RST/NMI,58 脚,复位输入,非屏蔽中断输入。

P6.0/A0,59 脚,通用数字 I/O,模拟量输入 A0。

P6.1/A1,60 脚,通用数字 I/O,模拟量输入 A1。

P6.2/A2,61 脚,通用数字 I/O,模拟量输入 A2。

AVSS,62 脚,模拟电源负端,仅用于 ADC12 模块。

DVSS,63 脚,电源负极。

AVCC,64 脚,模拟电源正端,仅用于 ADC12 模块。

3. 设计要求

(1)P2.0 端口 LED 闪烁灯设计。

(2)按键控制 LED 闪烁灯。

4. 程序设计

(1)程序 1

```
#include <msp430x14x.h> //MSP430F149 头文件
#define u16 unsigned int //宏定义无符号整型变量
void main(void)
{
    u16 i;//定义 i 为无符号整型变量
    WDTCTL=WDTPW+WDTHOLD;//关闭看门狗
    P2DIR|=BIT0;//P2.0 端口为输出
    P2OUT|=BIT0;//P2.0 端口输出高电平
    while(1)//无限循环
    {
        P2OUT^=BIT0;//P2.0 端口输出取反
        for(i=0;i<60000;i++);//延时
    }
}
```

（2）程序2

```
#include <msp430x14x. h>
#define keyin（P1IN&BIT0）//检测 P1.0 端口输入
void main（void）
{
    WDTCTL＝WDTPW+WDTHOLD；
    P2DIR|＝BIT0+BIT7；//设置 P2.0、P2.7 端口为输出
    P2OUT|＝BIT0+BIT7；//P2.0、P2.7 端口输出高电平
    while（1）
    {
        if（keyin＝＝0x00）
        {
            delay（）；
            if（keyin＝＝0x00）
            {
                for（i＝0；i<30；i++）
                {
                    P2OUT&＝~（BIT0+BIT7）；
                    delay（）；
                    P2OUT|＝BIT0+BIT7；
                    delay（）；
                }
                while（keyin＝＝0x00）；
            }
        }
    }
}
```

注意：以上程序不全,需补全!

5. 结果与分析

将以上两个程序编写好后,分别添加到工程（led1、led2）,编译、连接无误后,下载到学习板中观察 LED 的工作状态,并试着更改闪烁的频率。

四、仿真实训

1. MSP430F249 单片机简介

(1)供电电压范围 1.8~3.6 V。

(2)超低功耗:活动状态为 270 μA,频率 1 MHz,电压 2.2 V,待机模式为 0.3 μA,关机模式为 0.1 μA。

(3)16 位 RISC 精简指令集处理器。

(4)时钟系统:有多种时钟源,可灵活使用。时钟频率达到 16 MHz,具有内部振荡器,可外接 32 kHz 低频晶振,外接时钟输入。

(5)12 位 A/D 转换器,内部参考电压,采用保持电路。

(6)16 位定时器 A,3 个捕获/比较寄存器。

(7)16 位定时器 B,7 个捕获/比较寄存器。

(8)4 个通用串口:USCI A0 和 USCI A1、USCI B0 和 USCI B1(I2C、SPI)。

(9)60 KB+256 B 的 Flash 程序存储器,2 KB 的 RAM 数据存储器。

(10)64 引脚 QFP 封装。

2. MSP430F249 芯片引脚说明

DVCC,1 脚,电源正极,1.8~3.6 V。

P6.3/A3,2 脚,通用数字 I/O,模拟量输入 A3。

P6.4/A4,3 脚,通用数字 I/O,模拟量输入 A4。

P6.5/A5,4 脚,通用数字 I/O,模拟量输入 A5。

P6.6/A6,5 脚,通用数字 I/O,模拟量输入 A6。

P6.7/A7/SVSIN,6 脚,通用数字 I/O,模拟量输入 A7/SVS 输入。

VREF+,7 脚,ADC12 参考电压正端输出。

XIN,8 脚,晶振 XT1。

XOUT,9 脚,晶振 XT2。

VeREF+,10 脚,外部参考电压输入。

VREF−/VeREF−,11 脚,参考电压负端。

P1.0/TACLK/CAOUT,12 脚,通用数字 I/O,定时器 A 时钟信号输入/比较器 A 输出。

P1.1/TA0,13 脚,通用数字 I/O,定时器 A 比较 OUT0 输出或捕获 CCI0A 输入。

P1.2/TA1,14 脚,通用数字 I/O,定时器 A 比较 OUT1 输出或捕获 CCI1A 输入。

P1.3/TA2,15 脚,通用数字 I/O,定时器 A 比较 OUT2 输出或捕获 CCI2A 输入。

P1.4/SMCLK,16 脚,通用数字 I/O,SMCLK 输出。

P1.5/TA0,17 脚,通用数字 I/O,定时器 A 比较 OUT0 输出。

P1.6/TA1,18 脚,通用数字 I/O,定时器 A 比较 OUT1 输出。

P1.7/TA2,19 脚,通用数字 I/O,定时器 A 比较 OUT2 输出。

P2.0/ACLK/CA2,20 脚,通用数字 I/O,ACLK 输出/比较器 A 输入。

P2.1/TAINCLK/CA3,21 脚,通用数字 I/O,定时器 A 时钟信号 INCLK,比较器 A 输入。

P2.2/CAOUT/TA0/CA4,22 脚,通用数字 I/O,定时器 A 捕获 CCI0B 输入,比较器 A 输出,BSL 接收,比较器 A 输入。

P2.3/CA0/TA1,23 脚,通用数字 I/O,比较器 A 输入,定时器 A 比较 OUT1 输出。

P2.4/CA1/TA2,24 脚,通用数字 I/O,比较器 A 输入,定时器 A 比较 OUT2 输出。

P2.5/ROSC/CA5,25 脚,通用数字 I/O,DCO 外部电阻输入,比较器 A 输入。

P2.6/ADC12CLK/CA6,26 脚,通用数字 I/O,ADC12 转换时钟,比较器 A 输入。

P2.7/TA0/CA7,27 脚,通用数字 I/O,定时器 A 比较 OUT0 输出,比较器 A 输入。

P3.0/UCB0STE/UCA0CLK,28 脚,通用数字 I/O,USCI B0 从模式传输允许,USCI A0 时钟。

P3.1/UCB0SIMO/UCB0SDA,29 脚,通用数字 I/O,USCI B0 从模式输入/主模式输出 SDA。

P3.2/UCB0SOMI/UCB0SCL,30 脚,通用数字 I/O,USCI B0 从模式输出/主模式输入 SPI。

P3.3/UCB0CLK/UCA0STE,31 脚,通用数字 I/O,USCI B0 时钟,USCI A0 从模式传输允许。

P3.4/UCA0TXD/UCA0SIMO,32 脚,通用数字 I/O,UART 模式 USCI A0 数据输出,SPI 模式 SIMO。

P3.5/UCA0RXD/UCA0SOMI,33 脚,通用数字 I/O,UART 模式 USCI A0 数据输入,SPI 模式 SOMI。

P3.6/UCA1TXD/UCA1SIMO,34 脚,通用数字 I/O,UART 模式 USCI A1 数据输出,SPI 模式 SIMO。

P3.7/UCA1RXD/UCA1SOMI,35 脚,通用数字 I/O,UART 模式 USCI A1 数据输入,SPI 模式 SOMI。

P4.0/TB0,36 脚,通用数字 I/O,定时器 B 比较 OUT0 输出或捕获 CCI0A/B 输入。

P4.1/TB1,37 脚,通用数字 I/O,定时器 B 比较 OUT1 输出或捕获 CCI1A/B 输入。

P4.2/TB2,38 脚,通用数字 I/O,定时器 B 比较 OUT2 输出或捕获 CCI2A/B 输入。

P4.3/TB3,39 脚,通用数字 I/O,定时器 B 比较 OUT3 输出或捕获 CCI3A/B 输入。

P4.4/TB4,40 脚,通用数字 I/O,定时器 B 比较 OUT4 输出或捕获 CCI4A/B 输入。

P4.5/TB5,41 脚,通用数字 I/O,定时器 B 比较 OUT5 输出或捕获 CCI5A/B 输入。

P4.6/TB6,42 脚,通用数字 I/O,定时器 B 比较 OUT6 输出或捕获 CCI6A/B 输入。

P4.7/TBCLK,43 脚,通用数字 I/O,定时器 B 时钟输入。

P5.0/UCB1STE/UCA1CLK,44 脚,通用数字 I/O,USCI B1 从模式传输允许,USCI A1 时钟。

P5.1/UCB1SIMO/UCB1SDA,45 脚,通用数字 I/O,USCI B1 SPI 模式从入主出,I2C 模式 SDA。

P5.2/UCB1SOMI/UCB1SCL,46 脚,通用数字 I/O,USCI B1 SPI 模式从出主入,I2C 模式 SCL。

P5.3/UCB1CLK/UCA1STE,47 脚,通用数字 I/O,USCI B1 时钟,USCI A1 从模式传输允许。

P5.4/MCLK,48 脚,通用数字 I/O,MCLK 输出。

P5.5/SMCLK,49 脚,通用数字 I/O,SMCLK 输出。

P5.6/ACLK,50 脚,通用数字 I/O,ACLK 输出。

P5.7/TBOUTH/SVSOUT,51 脚,通用数字 I/O,定时器 TB0~TB6 PWM 输出高阻态选择位,SVS 比较器输出。

XT2OUT,52 脚,晶振 XT2。

XT2IN,53 脚,晶振 XT2。

TDO/TDI,54 脚,JTAG 口测试数据输出。

TDI/TCLK,55 脚,JTAG 口测试数据输入,测试时钟输入。

TMS,56 脚,JTAG 口测试模式选择。

TCK,57 脚,JTAG 口测试时钟。

RST/NMI,58 脚,复位输入,非屏蔽中断输入。

P6.0/A0,59 脚,通用数字 I/O,模拟量输入 A0。

P6.1/A1,60 脚,通用数字 I/O,模拟量输入 A1。

P6.2/A2,61 脚,通用数字 I/O,模拟量输入 A2。

AVSS,62 脚,模拟电源负端,仅用于 ADC12 模块。

DVSS,63 脚,电源负极。

AVCC,64 脚,模拟电源正端,仅用于 ADC12 模块。

3. 设计要求

使用 MSP430F249 的 I/O 口,实现 8 个 LED 发光二极管的流水灯控制。

4. 仿真电路

双击打开 Proteus 软件,保存文件名为 lesson1。点击选择元件按钮 P 或运行菜单栏中 Library 的 Pick Device/Symbol 命令,添加单片机 MSP430F249、发光二极管 LED-BIBY、电阻 RES、电容 CAP。绘制如图 1.1 所示硬件电路图。

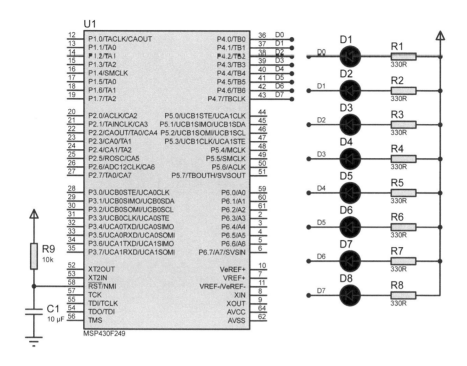

图 1.1　仿真硬件电路图

图 1.1 中,8 个 LED 发光二极管接到 MSP430F249 单片机的 8 个 I/O 端口上,通过一个 8 位的二进制数来控制 8 个 I/O 端口的输出。发光二极管是 I/O 端口输出低电平时点亮,一个循环周期分为 8 个时间段,每一时间段送至 I/O 端口中的数据如表 1.3 所示,实现 8 个 LED 发光二极管依次点亮的效果。表 1.3 中"0"表示 I/O 端口输出低电平,发光二极管点亮;"1"表示 I/O 端口输出高电平,发光二极管熄灭。

表 1.3　P4 端口输出数据表

时间	P4.7	P4.6	P4.5	P4.4	P4.3	P4.2	P4.1	P4.0	说明
1	1	1	1	1	1	1	1	0	D1 亮
2	1	1	1	1	1	1	0	1	D2 亮
3	1	1	1	1	1	0	1	1	D3 亮
4	1	1	1	1	0	1	1	1	D4 亮
5	1	1	1	0	1	1	1	1	D5 亮
6	1	1	0	1	1	1	1	1	D6 亮
7	1	0	1	1	1	1	1	1	D7 亮
8	0	1	1	1	1	1	1	1	D8 亮

5.程序设计

```
#include <msp430f249.h>
void main( )
{
    unsigned int i;
    char j,k;
    WDTCTL=WDTPW+WDTHOLD;//停止看门狗
    P4DIR=0xff;//设置P4端口为输出
    while(1)
    {
        k=1;
        for(j=0;j<8;j++) //循环8次
        {
            P4OUT=~k;//反向输出
            for(i=65535;i>0;i--);//延时
            k=k<<1;//左移一位
        }
    }
}
```

6.仿真结果与分析

使用 Proteus 软件调试和仿真。

在 Proteus 编辑窗口中双击 MSP430F249 元件,弹出"Edit Component"对话框,在此对话框的"Program File"栏中单击 图标,选择刚才生成的 HEX 文件,其他保持默认即可。

在 Proteus 编辑窗口下单击 ▶图标,进行程序效果的仿真。仿真时可以观察到以下现象:首先 P4.0 点亮 LED1,等待 500 ms 后熄灭。同时 P4.1 点亮 LED2,等待 500 ms 后熄灭。同时 P4.2 点亮 LED3……当 P4.7 点亮 LED8,等待 500 ms 熄灭后,P4.0 又点亮 LED1……如此无限循环。

五、思考题

1. 请补全按键控制 LED 闪烁灯程序,并运行,观察现象。

2. 请说明 MSP430 程序中 BIT0~BIT15 的含义,并举例说明。

实训二　LED 显示

一、实训目的

1. 掌握 MSP430F149 单片机 I/O 端口操作的基本方法。

2. 掌握软件延时函数的设计方法。

3. 学会 LED 的编程方法。

二、实训原理

1. 看门狗定时器(WDT)

单片机系统通电后,看门狗定时器模块默认为看门狗模式,默认使用内部时钟源 DCOCLK,经过 32 768 个时钟周期后系统复位,若 DCOCLK 为 1 MHz,则看门狗时间间隔约为 32 ms。因此,使用时在程序中先停止看门狗功能,然后根据要求配置好,再作为看门狗模式或者定时器模式使用。

看门狗定时器模块的主要功能是在软件发生混乱之后执行一次受控系统重启。如果选定的时间间隔到期,会发生一次系统复位。如果在应用中不需要看门狗功能,模块能够工作于一个间隔定时器,在选定的时间间隔之后,它产生一次中断。

看门狗定时器计数器(WDTCNT)是一个 15/16 位增计数器,它不能由软件直接访问。WDTCNT 利用看门狗定时器控制寄存器(WDTCTL)来控制,它是一个 8 位的读/写寄存器。在两种工作方式(看门狗或定时器)中,对 WDTCTL 的写入,只有在高字节中使用正确的口令(05AH)才有可能。

任何 05AH 以外的数值写入 WDTCTL 的高字节,将产生一次系统复位(上电清除信号,PUC)。读出的口令是 069H,以最小化对 WDTCTL 的意外写入操作。除了看门狗定时器的控制位外,还有两位也包含在 WDTCTL 中,用于配置 NMI 引脚。在 msp430x14x.h 头文件中,WDTPW 为 0x5A00,WDTHOLD 为 0x0080。表 2.1 为看门狗定时器的 WDTCTL,共 16 位 8 个功能区。

表2.1　WDTCTL

15~8	7	6	5	4
WDTPW	WDTHOLD	WDTNMIES	WDTNMI	WDTTMSEL
3	2	1	0	—
WDTCNTCL	WDTSSEL	WDTIS x	WDTHOLD	—

WDTPW:看门狗定时器访问安全口令,读取时总为0x69,写入时必须为0x5A,否则产生一个PUC信号。

WDTHOLD:看门狗定时器暂停位,置0时看门狗定时器正常工作,置1时看门狗定时器停止工作。

2.I/O端口寄存器

MSP430系列单片机I/O端口输出电流最大为6 mA,驱动较大负载时,可利用三极管或缓冲器来提高端口驱动能力。而I/O端口输出低电平时,可灌入最大40 mA的电流。因此,采用I/O端口控制发光二极管阴极的设计方法来设计硬件电路。

(1)方向控制寄存器(PxDIR)

方向控制寄存器为输入/输出方向寄存器。当PxDIR=0时,为输入模式,作为输入时只能读。当PxDIR=1时,为输出模式,作为输出时可读可写。PxDIR复位时初始值为0。PxDIR定义如表2.2所示。

表2.2　PxDIR 定义

7	6	5	4	3	2	1	0
PxDIR.7	PxDIR.6	PxDIR.5	PxDIR.4	PxDIR.3	PxDIR.2	PxDIR.1	PxDIR.0

如,P2DIR|=BIT0表示P2.0输出。P2DIR=0x0f表示P2端口高4位输入,低4位输出。

(2)输入寄存器(PxIN)

输入寄存器为只读寄存器,所以其引脚的方向选为输入。PxIN定义如表2.3所示。

表2.3　PxIN 定义

7	6	5	4	3	2	1	0
PxIN.7	PxIN.6	PxIN.5	PxIN.4	PxIN.3	PxIN.2	PxIN.1	PxIN.0

例如,键盘扫描,P1IN&=~BIT1表示P1.1输入。key=P1IN&0x02表示读端口P1.1的值。

(3)输出寄存器(PxOUT)

输出寄存器为输出缓冲寄存器。PxOUT复位时其值不确定,在使用时应先确定值,再设置方向控制寄存器。PxOUT定义如表2.4所示。

表 2.4　PxOUT 定义

7	6	5	4	3	2	1	0
PxOUT.7	PxOUT.6	PxOUT.5	PxOUT.4	PxOUT.3	PxOUT.2	PxOUT.1	PxOUT.0

如,P2OUT| =0x01 表示 P2.0 输出 1。P2OUT&= ~0x01 表示 P2.0 输出 0。

(4)中断标志寄存器(PxIFG)

当 PxIFG=0 时,无中断请求;当 PxIFG=1 时,有中断请求。复位值全为 0。无论中断是否被允许,也无论是否正在执行中断程序,只要对应的 I/O 端口满足中断条件(如一个下降沿触发),PxIFG 中的相应位都会立即置 1 并保持,必须通过软件复位将其清零,最大可能地保证不会漏掉每一次中断。PxIFG 定义如表 2.5 所示。

表 2.5　PxIFG 定义

7	6	5	4	3	2	1	0
PxIFG.7	PxIFG.6	PxIFG.5	PxIFG.4	PxIFG.3	PxIFG.2	PxIFG.1	PxIFG.0

对任一事件引起的中断进行处理时,PxIFG.0～PxIFG.7 不会自动复位,必须由软件来判断是对哪一个事件,并将相应的标志复位。另外,外部中断事件的时间必须保持不低于 1.5 倍的 MCLK 时间,以保证中断请求被接受,且使相应中断标志置位。

(5)中断沿选择寄存器(PxIES)

当 PxIES=0 时,上升沿触发使相应标志置位。当 PxIES=1 时,下降沿触发相应标志置位。其复位值全为 0,默认为上升沿触发中断方式。在使用之前,需将 I/O 端口设置为输入状态。PxIES 定义如表 2.6 所示。

表 2.6　PxIES 定义

7	6	5	4	3	2	1	0
PxIES.7	PxIES.6	PxIES.5	PxIES.4	PxIES.3	PxIES.2	PxIES.1	PxIES.0

(6)中断允许寄存器(PxIE)

当 PxIE=0 时,禁止中断。当 PxIE=1 时,允许中断。其复位值全为 0,默认不允许中断。PxIE 定义如表 2.7 所示。

表 2.7　PxIE 定义

7	6	5	4	3	2	1	0
PxIE.7	PxIE.6	PxIE.5	PxIE.4	PxIE.3	PxIE.2	PxIE.1	PxIE.0

如,P1.0、P1.1、P1.2 端口设为外部中断源,P1.0 端口设为上升沿触发,P1.1、P1.2 端口设为下降沿触发,程序设计如下:

P1DIR&= ~(BIT0+BIT1+BIT2)表示 P1.0、P1.1 和 P1.2 端口设为输入。

P1IES| =BIT1+BIT2 表示 P1.0 端口设为上升沿触发,P1.1 和 P1.2 端口设为下降沿

中断。

P1IE|=BIT0+BIT1+BIT2 表示允许 P1.5、P1.6 和 P1.7 端口设为中断。

_EINT( )表示总中断允许。

（7）功能选择寄存器（PxSEL）

当 PxSEL=0 时,选择端口为 I/O 模式。当 PxSEL=1 时,选择端口为外围模块功能。其复位值全为 0,默认为 I/O 端口功能。PxSEL 定义如表 2.8 所示。

如,P3.4、P3.5 端口的第二功能为串行口的 TXD、RXD。

表 2.8 PxSEL 定义

7	6	5	4	3	2	1	0
PxSEL.7	PxSEL.6	PxSEL.5	PxSEL.4	PxSEL.3	PxSEL.2	PxSEL.1	PxSEL.0

如,P1SEL|=0x10 表示 P1.4 为外围模块功能。P3SEL|=BIT4+BIT5 表示 P3.4、P3.5 端口第二功能为串行口的 TXD、RXD。

端口 P3、P4、P5、P6 没有中断能力,其余功能同 P1 和 P2。除掉端口 P1 和 P2 与中断相关的 3 个寄存器,端口 P3、P4、P5、P6 的 4 个寄存器（分别为 PxDIR、PxIN、PxOUT、PxSEL）可供用户使用,与 P1 和 P2 的用法相同。

3. LED

LED 是一种半导体器件,当两端压降大于其额定电压时,导通电流达到额定电流时即可发光。导通电流越大,亮度越高,但若电流过大,会烧毁 LED,一般控制在 3~20 mA。一般电路中会给 LED 串联一个电阻,是为了限制通过 LED 的电流,因此这个电阻又称为"限流电阻",通常取值在 300~3 000 Ω 之间。

三、硬件实训

1. 硬件电路

LED1~LED8 发光二极管阳极通过电阻接到 3.3 V 电源上,发光二极管阴极接 P2 端口。当 P20~P27 输出低电平时,对应 LED 点亮。当 P20~P27 输出高电平时,对应 LED 熄灭。8 位 LED 电路图如图 2.1 所示。

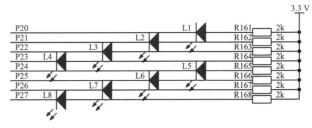

图 2.1 8 位 LED 电路图

2. 设计要求

（1）编程实现 8 位 LED 闪烁灯功能。

（2）编程实现 3 位 LED 流动灯功能。

（3）编程实现 8 位 LED 流水灯功能。

（4）编程实现 P2 端口控制 8 个 LED 灯，首先单个 LED 右移，然后单个 LED 左移，然后 LED 右移依次点亮，最后 LED 左移依次熄灭，时间间隔 5 ms。

3. 程序设计

（1）程序 1

```c
#include <msp430x14x.h>
#define u16 unsigned int
void delay(u16 z)
{
  u16 y;
  while(z--)
    for(y=0;y<80;y++);
}
void main(void)
{
  WDTCTL=WDTPW+WDTHOLD;
  P2DIR=0xff;
  P2OUT=0xff;
  while(1)
  {
    P2OUT=0x00;
    delay(500);
    P2OUT=0xff;
    delay(500);
  }
}
```

（2）程序 2

方法 1：

```c
#include <msp430x14x.h>
#define u16 unsigned int
```

```
void delay(u16 z)
{
    u16 y;
    while(z--)
        for(y=0;y<80;y++);
}
void main(void)
{
    WDTCTL=WDTPW+WDTHOLD;
    P2DIR=0xff;
    P2OUT=0xff;
    while(1)
    {
        P2OUT=0xfe;
        delay(500);
        P2OUT=0xfd;
        delay(500);
        P2OUT=0xfb;
        delay(500);
    }
}
```

方法2：

```
#include <msp430x14x.h>
#define u16 unsigned int
void delay(u16 z)
{
    u16 y;
    while(z--)
        for(y=0;y<80;y++);
}
void main(void)
{
    WDTCTL=WDTPW+WDTHOLD;
    P2DIR=0x0f;
```

```
    P2OUT = 0x0e;
    while(1)
    {
        delay(500);
        P2OUT = P2OUT<<1;
        P2OUT| = 0x01;
        if(P2OUT = = 0x77)
        {
            P2OUT = 0x0e;
        }
    }
}
```

（3）程序3

方法1：

```
#include <msp430x14x. h>
#define u16 unsigned int
void delay(u16 z)
{
    u16 y;
    while(z--)
        for(y = 0;y<80;y++);
}
void main(void)
{
    char i,j;
    WDTCTL = WDTPW+WDTHOLD;
    P2DIR = 0xff;
    while(1)
    {
        i = 1;
        for(j = 0;j<8;j++)
        {
            P2OUT = ~i;
            delay(500);
```

```
        i=i<<1;
    }
  }
}
```

方法2：

```c
#include <msp430x14x. h>
#define u16 unsigned int
void delay(u16 z)
{
  u16 y;
  while(z--)
    for(y=0;y<80;y++);
}
void main(void)
{
  WDTCTL=WDTPW+WDTHOLD;
  P2DIR=0xff;
  while(1)
  {
    P2OUT=0xfe;
    delay(500);
    P2OUT=0xfd;
    delay(500);
    P2OUT=0xfb;
    delay(500);
    P2OUT=0xf7;
    delay(500);
    P2OUT=0xef;
    delay(500);
    P2OUT=0xdf;
    delay(500);
    P2OUT=0xbf;
    delay(500);
    P2OUT=0x7f;
```

```
    delay(500);
  }
}
```

方法3：

```
#include <msp430x14x.h>
#define u8 unsigned char
#define u16 unsigned int
u8 tab[ ] = {0xfe,0xfd,0xfb,0xf7,0xef,0xdf,0xbf,0x7f};
void delay(u16 z)
{
  u16 y;
  while(z--)
   for(y=0;y<80;y++);
}
void main(void)
{
  char j;
  WDTCTL=WDTPW+WDTHOLD;
  P2DIR=0xff;
  while(1)
  {
    for(j=0;j<8;j++)
    {
      P2OUT=tab[j];
      delay(500);
    }
  }
}
```

(4)程序4

方法1：

```
#include <msp430x14x.h>
#define u8 unsigned char
#define u16 unsigned int
u8 tab1[ ] = {0xfe,0xfd,0xfb,0xf7,0xef,0xdf,0xbf,0x7f};
```

```
u8 tab2[ ] = {0x7f,0xbf,0xdf,0xef,0xf7,0xfb,0xfd,0xfe};
u8 tab3[ ] = {0xfe,0xfc,0xf8,0xf0,0xe0,0xc0,0x80,0x00};
u8 tab4[ ] = {0x80,0xc0,0xe0,0xf0,0xf8,0xfc,0xfe,0xff};
void delay(u16 z)
{
    u16 y;
    while(z--)
        for(y=0;y<80;y++);
}
void main(void)
{
    u8 i;
    WDTCTL = WDTPW + WDTHOLD;
    P2DIR = 0xff;
    while(1)
    {
        for(i=0;i<8;i++)
        {
            P2OUT=tab1[i];
            delay(500);
        }
        for(i=0;i<8;i++)
        {
            P2OUT=tab2[i];
            delay(500);
        }
        for(i=0;i<8;i++)
        {
            P2OUT=tab3[i];
            delay(500);
        }
        for(i=0;i<8;i++)
        {
            P2OUT=tab4[i];
```

```
        delay(500);
      }
    }
}
```

方法2：

```
#include <msp430x14x.h>
#define u8 unsigned char
#define u16 unsigned int
void delay(u16 z)
{
    u16 y;
    while(z--)
        for(y=0;y<80;y++);
}
enum led
{
    right_one,
    left_one,
    right_none,
    left_none,
}
enum led m;
void main(void)
{
    u8 i,m=right_one;
    u16 temp=0x01;
    WDTCTL = WDTPW + WDTHOLD;
    P2DIR=0xff;
    P2OUT=0xff;
    while(1)
    {
        for(i=0;i<8;i++)
        {
            switch(m)
```

```
            {
    case right_one:temp<<=1;
                    if(temp==0x100)temp=0x80;
                    break;
    case left_one:temp>>=1;
                    if(temp==0x00)temp=0x01;
                    break;
    case right_none:temp=temp<<1|0x01;
                    if(temp==0x1ff)temp=0x7f;
                    break;
    case left_none:temp=temp>>1&0x7f;
                    if(temp==0x00)temp=0x01;
                    break;
            }
        P2OUT=~temp;
        delay(500);
        }
    m++;
    m%=4;
    }
}
```

4. 结果与分析

通过测试观察运行现象,满足设计要求。

四、仿真实训

1. 设计要求

(1)闪烁灯

利用 MSP430F249 单片机的 P1 端口控制 8 个发光二极管 LED1~LED8,P2 端口接入 3 个开关 K1~K3。当 K1 闭合时,LED1 和 LED5 闪烁,闪烁时间 1 s。当 K2 闭合时,LED2 和 LED6 闪烁,闪烁时间 2 s。当 K3 闭合时,LED1~LED8 轮流点亮,时间间隔 1 s。

(2)花样灯

利用 MSP430F249 单片机的 P1 端口控制 8 个发光二极管 LED1~LED8,点亮(低电平为点亮)次序如表 2.9 所示,每个发光二极管点亮时间为 0.5 s。

表 2.9 花样灯点亮次序

序号	P1.7	P1.6	P1.5	P1.4	P1.3	P1.2	P1.1	P1.0
单个 LED 左移点亮								
1	1	1	1	1	1	1	1	0
2	1	1	1	1	1	1	0	1
3	1	1	1	1	1	0	1	1
4	1	1	1	1	0	1	1	1
5	1	1	1	0	1	1	1	1
6	1	1	0	1	1	1	1	1
7	1	0	1	1	1	1	1	1
8	0	1	1	1	1	1	1	1
单个 LED 右移点亮								
9	0	1	1	1	1	1	1	1
10	1	0	1	1	1	1	1	1
11	1	1	0	1	1	1	1	1
12	1	1	1	0	1	1	1	1
13	1	1	1	1	0	1	1	1
14	1	1	1	1	1	0	1	1
15	1	1	1	1	1	1	0	1
16	1	1	1	1	1	1	1	0
LED 左移依次点亮								
17	1	1	1	1	1	1	1	0
18	1	1	1	1	1	1	0	0
19	1	1	1	1	1	0	0	0
20	1	1	1	1	0	0	0	0
21	1	1	1	0	0	0	0	0
22	1	1	0	0	0	0	0	0
23	1	0	0	0	0	0	0	0
24	0	0	0	0	0	0	0	0
LED 右移依次熄灭								
25	0	0	0	0	0	0	0	0
26	1	0	0	0	0	0	0	0
27	1	1	0	0	0	0	0	0
28	1	1	1	0	0	0	0	0
29	1	1	1	1	0	0	0	0
30	1	1	1	1	1	0	0	0
31	1	1	1	1	1	1	0	0
32	1	1	1	1	1	1	1	0

（3）按键控制花样灯

利用 MSP430F249 单片机的 P1 端口控制 8 个发光二极管 LED1～LED8,发光二极管根据 P2 端口接入的开关 K1～K5 完成不同的显示花样变换。

①当 K1 闭合时,LED1 和 LED2 点亮,延迟 0.1 s 之后,LED2 和 LED3 点亮,最后是 LED7 和 LED8 点亮,然后重新开始。

②当 K2 闭合时,LED1～LED8 相当于 8 位二进制数,延迟 0.1 s 之后加 1 并点亮对应的 LED。

③当 K3 闭合时,LED1～LED4 先点亮,延迟 0.1 s 后 LED5～LED8 点亮,随后 LED1、LED2 和 LED5、LED6 点亮,延迟 0.1 s 后 LED3、LED4 和 LED7、LED8 逐次点亮,最后 LED2、LED4、LED6、LED8 点亮,延迟 0.1 s 后 LED1、LED3、LED5、LED7 点亮,然后重新开始。

④当 K4 闭合时,点亮次序如表 2.10 所示,表中的"0"表示 LED 点亮。也就是说,先点亮 P1.0 和 P1.7 引脚连接的 2 个 LED,然后让 LED 从两侧往中间移动,当 P1.4 和 P1.3 引脚连接的 LED 点亮后,下一步再让 LED 从中间往两侧移动,循环不止。

表 2.10　花样灯点亮次序

序号	P1.7	P1.6	P1.5	P1.4	P1.3	P1.2	P1.1	P1.0
1	1	1	1	1	0	0	0	0
2	1	1	1	0	0	0	0	1
3	1	1	0	0	0	0	1	1
4	1	0	0	0	0	1	1	1
5	0	0	0	0	1	1	1	1
6	0	0	0	1	1	1	1	0
7	0	0	1	1	1	1	0	0
8	0	1	1	1	1	0	0	0

⑤当 K5 闭合时,先点亮 P1.4～P1.7 引脚连接的 4 个 LED,然后让 LED 点亮状态向下移动,每次均有 4 个 LED 点亮,循环不止。

（4）16 个 LED 花样灯控制

利用 MSP430F249 单片机的 P1 和 P4 端口控制 16 个发光二极管 LED1～LED16,发光二极管有 8 种花样显示,显示速度可调,由 P2 端口三个按键 K1～K3 控制,分别是模式按键、加速按键和减速按键。这三个按键和前面所用的开关不同,按键在按下后会在内部弹性元件的作用下自动弹起。模式按键按下一次,花样显示模式变换一次,按下 8 次后循环到第一种模式,加速和减速按键可以控制 LED 的闪烁速度。

2.仿真电路

（1）闪烁灯

打开 Proteus 开发环境,单击 P 按钮,添加元件单片机 MSP430F249,电阻

MINRES330R 和 MINRES4K7,发光二极管 LED-BIBY,开关 SWITCH。导线用网络标号连接。闪烁灯仿真电路如图 2.2 所示。

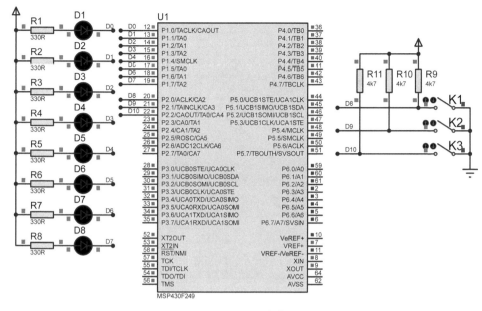

图 2.2　闪烁灯仿真电路

（2）花样灯

双击各元件编辑参数,P1 端口接 8 个 LED,P2 端口接 3 个开关。限流电阻 R1～R8 取 330 Ω,开关上拉电阻取 4.7 kΩ。花样灯控制仿真电路如图 2.3 所示。

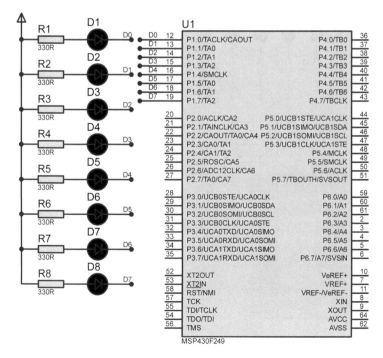

图 2.3　花样灯控制仿真电路

（3）按键控制花样灯

按键控制花样灯仿真电路如图2.4所示。

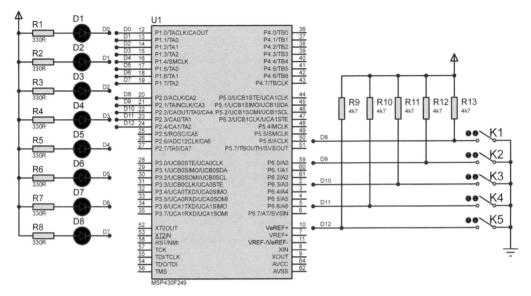

图2.4 按键控制花样灯仿真电路

（4）16个LED花样灯控制

16个LED花样灯仿真电路如图2.5所示。

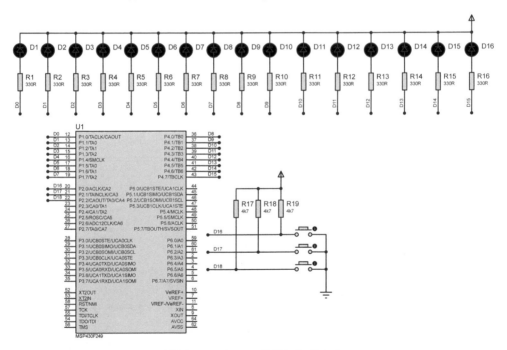

图2.5 16个LED花样灯仿真电路

3. 程序设计

（1）闪烁灯程序

```
#include <msp430x24x.h>
#define u8 unsigned char
#define u16 unsigned int
void delay(u16 z)
{
    u16 y;
    while(z--)
        for(y=0;y<80;y++);
}
void main(void)
{
    u16 i=0x01;
    WDTCTL=WDTPW+WDTHOLD;//关闭看门狗
    P1DIR=0xff;//P1端口输出
    P1OUT=0xff;//P1端口输出高电平
    while(1)
    {
        if((P2IN&0x07)==0x06)//检测K1是否闭合
        {
            P1OUT^=(BIT0+BIT4);//LED1和LED5闪烁
            delay(2000);//延迟约1 s
        }
        else if((P2IN&0x07)==0x05)//检测K2是否闭合
        {
            P1OUT^=(BIT1+BIT5);//LED2和LED6闪烁
            delay(4000);//延迟约2 s
        }
        else if((P2IN&0x07)==0x03)//检测K3是否闭合
        {
            P1OUT=~i;//LED依次点亮
            delay(2000);//延迟约1 s
            i+=i;//从0x01到0x80
```

```
        if( i = = 0x100)
            i = 0x01;
    }
    if( ( P2IN&0x07) = = 0x07) //无闭合,关闭 LED
        P1OUT = 0xff;
}
}
```

（2）花样灯程序

```
#include <msp430x24x. h>
#define u8 unsigned char
#define u16 unsigned int
u8 tab1[ ] = {0xfe,0xfd,0xfb,0xf7,0xef,0xdf,0xbf,0x7f} ;
u8 tab2[ ] = {0x7f,0xbf,0xdf,0xef,0xf7,0xfb,0xfd,0xfe} ;
u8 tab3[ ] = {0xfe,0xfc,0xf8,0xf0,0xe0,0xc0,0x80,0x00} ;
u8 tab4[ ] = {0x80,0xc0,0xe0,0xf0,0xf8,0xfc,0xfe,0xff} ;
void delay( u16 z)
{
    u16 y;
    while( z--)
        for( y = 0;y<100;y++) ;
}
void main( void)
{
    u8 i;
    WDTCTL = WDTPW+WDTHOLD;
    P1DIR = 0xff;
    while(1)
    {
        for( i = 0;i<8;i++)
        {
            P1OUT = tab1[ i] ;
            delay( 1000) ;
        }
        for( i = 0;i<8;i++)
```

```
        {
            P1OUT = tab2[i];
            delay(1000);
        }
        for(i = 0; i < 8; i++)
        {
            P1OUT = tab3[i];
            delay(1000);
        }
        for(i = 0; i < 8; i++)
        {
            P1OUT = tab4[i];
            delay(1000);
        }
    }
}
```

（3）按键控制花样灯程序

```
#include <msp430x24x.h>
#define u8 unsigned char
#define u16 unsigned int
void delay(u16 z)
{
    u16 y;
    while(z--)
        for(y = 0; y < 80; y++);
}
void main(void)
{
    u8 i, j = 0, k = 0x80, l = 0x01, m = 4, n = 0x0f;
    WDTCTL = WDTPW + WDTHOLD;
    P1DIR = 0xff;
    P1OUT = 0xff;
    while(1)
```

```
{
    if((P2IN&0x1f)==0x1e)//检测 K1 是否闭合
    {
        j=0x03;
        for(i=0;i<8;i++)
        {
            P1OUT=~j;
            j<<=1;
            delay(1000);
        }
    }
    else if((P2IN&0x1f)==0x1d)//检测 K2 是否闭合
    {
        P1OUT=~(j++);//二进制数的加法
        delay(1000);
    }
    else if((P2IN&0x1f)==0x1b)//检测 K3 是否闭合
    {
        switch(m)
        {
            case 1:P1OUT=0x55;delay(200);
                   P1OUT=0xaa;delay(200);
                   break;
            case 2:P1OUT=0xcc;delay(200);
                   P1OUT=0x33;delay(200);
                   break;
            case 4:P1OUT=0xf0;delay(200);
                   P1OUT=0x0f;delay(200);
                   break;
        }
        m/=2;
        if(m==0)
            m=4;
    }
```

```
    else if((P2IN&0x1f)==0x17)//检测 K4 是否闭合
    {
        P1OUT=~(k|l);//两个 LED 对向移动
        k>>=1;
        l<<=1;
        delay(1000);
        if((k|l)==0x00)
        {
            k=0x80;
            l=0x01;
        }
    }
    else if((P2IN&0x1f)==0x0f)//检测 K5 是否闭合
    {
        P1OUT=n;
        delay(1000);
        if(((n&0x01)==0x01)&&(n!=0x0f))
        {
            n=n<<1;
            n+=1;
        }
        else
            n=n<<1;
        if(n==0xe0)
            n+=1;
    }
    P1OUT=0xff;//关闭全部 LED
    }
}
```

(4)16个 LED 花样灯控制

请读者自行编写程序并运行,观察运行结果。

4. 仿真结果与分析

在原理图编辑窗口中放置元件,以 MSP430F249 单片机为中心进行布局,尽量减少导线的交叉,导线过多的地方可用网络标号,在对象选择器中选择 Power 和 Ground 放置电源和地线,按照设计要求连接好各元件之间的连线。

运行仿真后,以上电路均能正常运行。将16个LED花样灯的程序分解为三部分,分别是主函数、按键程序和LED显示程序。运行如出现错误:

Error[e46]:Undefined external "SetSpeed" referred in main

解决办法:Options→General Options→Library Configuration→Library 选 None。

五、思考题

1.编写程序实现8个LED流水灯功能,要求使用和书上不同的编程方法实现。

2.编写程序实现8个LED花样灯功能,要求使用和书上不同的编程方法实现。

3.利用C语言枚举类型定义四种LED显示模式,分别是单个LED左移点亮,单个LED右移点亮,LED左移依次点亮,LED右移依次熄灭,利用枚举类型定义变量mode,该变量在程序中控制LED显示方式。

实训三 中断的应用

一、实训目的

1. 了解中断系统及系统构成。

2. 掌握中断寄存器。

3. 学会中断应用和编程方法。

二、实训原理

1. 功耗模式简介

MSP430 单片机具有一种活动模式和五种软件可选的低功耗模式。一个中断事件可以将 MSP430 单片机从五种低功耗模式中的任何一种唤醒，为请求服务从中断程序返回时恢复低功耗模式。

(1)活动模式为 AM,所有时钟活动。

(2)低功耗模式 0(LPM0),CPU 关闭,ACLK 和 SMCLK 保持活动,MCLK 关闭。

(3)低功耗模式 1(LPM1),CPU 关闭,ACLK 和 SMCLK 保持活动,MCLK 关闭。如果 DCO 在活动模式中没有使用,DCO 的直流发生器将关闭。

(4)低功耗模式 2(LPM2),CPU 关闭,MCLK、FLL+和 DCOCLK 关闭,DCO 的直流发生器保持活动,ACLK 保持活动。

(5)低功耗模式 3(LPM3),CPU 关闭,MCLK、FLL+和 DCOCLK 关闭,ACLK 保持活动。

(6)低功耗模式 4(LPM4),CPU 关闭,ACLK 关闭,MCLK、FLL+和 DCOCLK 关闭,DCO 的直流发生器关闭,晶体振荡器停止。

2. 定时器 A 寄存器的不同写法

#define TACCTL0_ (0x0162u)为定时器 A 捕获/比较控件 0。

DEFW(TACCTL0, TACCTL0_)为 TACCTL0_指向了定时器 A 所在的寄存器地址 0x0162。使用 DEFW 函数定义了 TACCTL0,指向 TACCTL0_。

#define CCTL0 TACCTL0 为定时器 A 捕获/比较控件 0。

#define TA0CCTL0 TACCTL0 为定时器 A 捕获/比较控件 0。

这三个寄存器变量名都代表的是同一个功能,只是名称叫法不同。

3. MSP430F149 中断程序写法

"_EINT( )"是打开全局中断,跟 51 单片机中"EA=1"打开总中断效果相似。

"_DINT( )"是关闭全局中断,跟 51 单片机中"EA=0"关闭总中断效果相似。

"#pragma vector=TIMERA0_VECTOR"是中断服务函数的起始语句,每次在写中断中执行什么内容前都要写,TIMERA0_VECTOR 只是针对定时器 A0 的中断,它是对应于定时器 A0 的中断向量。中断写法如下:

#pragma vector=中断向量(可在头文件中进行查找)

_interrupt void ISR(void)

{

    中断服务子程序(中断实现内容)

}

P1IFG 中断标志寄存器,见实训二表 2.5。P1IES 中断沿选择寄存器见实训二表 2.6。P1IE 中断允许寄存器,见实训二表 2.7。

三、硬件实训

1. 硬件电路

(1)LED 硬件电路

8 位 LED 电路图如图 3.1 所示。

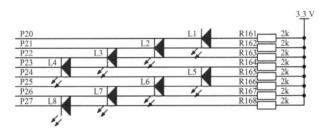

图 3.1　8 位 LED 电路图

LED 电路中,P2 端口输出低电平,LED 点亮。P2 端口输出高电平,LED 熄灭。电阻为分压电阻,保护 LED。

(2)按键电路图

按键电路图如图 3.2 所示。图中 R6～R9 为上拉电阻,当按键按下时,为 P10～P13 端口提供高电平。按键 K17～K20 一端接地,按下按键把低电平送到对应单片机 P10～P13 端口。

注意:实际按键的制作工艺是由金属弹片被按压接触实现电路闭合,闭合过程会产生抖动现象,使用时要消抖。

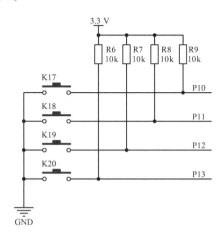

图 3.2 按键电路图

2. 设计要求

(1)利用 P1.0 外部中断功能,在 LPM4 模式下,实现对 P2.0 的 LED 亮灭控制。

(2)利用 P1.0、P1.1、P1.2、P1.3 外部中断方式,读取四个独立按键的键值,同时点亮对应 LED。

3. 程序设计

(1)程序 1

```
#include <msp430x14x. h>
void main( void)
{
    WDTCTL＝WDTPW+WDTHOLD;//关闭看门狗
    P2DIR|＝BIT0;//P2.0 端口为输出
    P2OUT|＝BIT0;//P2.0 端口输出为 1
    P1IES|＝BIT0;//P1.0 端口为下降沿触发中断
    P1IFG&＝~BIT0;//P1.0 端口中断标志位清除
    P1IE|＝BIT0;//P1.0 端口中断使能
    _EINT( );
    LPM4;
}
//P1 中断服务子程序
#pragma vector＝PORT1_VECTOR
_interrupt void PORT1( void)
```

```
{
    P2OUT^=BIT0;//取反 P1.0 输出状态
    P1IFG&=~BIT0;//P1.0 端口中断标志位清除
}
```

（2）程序 2

```
#include <msp430x14x.h>
#define key（P1IN&0x0f）
#define u8 unsigned char
#define u16 unsigned int
u8 key_val=0;//按键的键值
void delay(u16 z)
{
    u16 y;
    while(z--)
        for(y=0;y<80;y++);
}
void main(void)
{
    WDTCTL=WDTPW+WDTHOLD;//关闭看门狗
    P1IES=0x0f;//P1.0~P1.3 选择下降沿中断
    P1IE=0x0f;//打开 P1.0~P1.3 中断使能
    P2DIR=0xff;
    P2OUT=0xff;
    _EINT();//打开全局中断控制位
    while(1)
    {
        LPM1;
        P2OUT=~(1<<(key_val-1));
    }
}
#pragma vector=PORT1_VECTOR
_interrupt void PORT1(void)
{
    if(P1IFG&0x0f)
```

```
{
    switch(P1IFG)
    {
        case 0x01:if(key==0x0e)//如果是第一个按键被按下
                {
                    delay(10);
                    if(key==0x0e)
                    {
                        while(key!=0x0f);//等待按键松开
                        key_val=1;
                        LPM1_EXIT;
                        P1IFG=0x00;
                        return;
                    }
                }
        case 0x02:if(key==0x0d)//如果是第二个按键被按下
                {
                    delay(10);
                    if(key==0x0d)
                    {
                        while(key!=0x0f);
                        key_val=2;
                        LPM1_EXIT;
                        P1IFG=0x00;
                        return;
                    }
                }
        case 0x04:if(key==0x0b)//如果是第三个按键被按下
                {
                    delay(10);
                    if(key==0x0b)
                    {
                        while(key!=0x0f);
                        key_val=3;
```

```
                    LPM1_EXIT;

                    P1IFG = 0x00;

                    return;

                }

            }

        case 0x08:if(key==0x07)//如果是第四个按键被按下

            {

                delay(10);

                if(key==0x07)

                {

                    while(key!=0x0f);

                    key_val=4;

                    LPM1_EXIT;

                    P1IFG = 0x00;

                    return;

                }

            }

    default: while(key!=0x0f);

    P1IFG = 0x00;

    return;

        }

    }

}
```

4. 结果与分析

(1)程序中_bis_SR_register(LPM4_bits+GIE)是进入低功耗模式4,并且启用可屏蔽中断。可以分开写:

①_EINT( )为打开全局中断。

②LPM4 为进入低功耗模式4。

(2)利用中断标志位检测按键的方法进行按键下降沿检测。

四、仿真实训

1. 设计要求

利用 MSP430F249 单片机的 P1 端口控制 8 个发光二极管 LED1~LED8,当 K1 闭合时,LED1 点亮。当 K2 闭合时,LED2 点亮。当 K3 闭合时,LED3 点亮。

2. 仿真电路

仿真电路如图 3.3 所示。

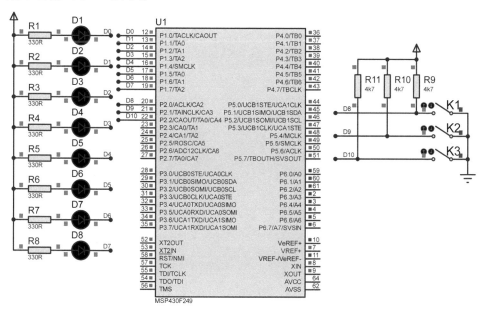

图 3.3　仿真电路

3. 程序设计

```
#include <msp430x24x.h>
#define key (P2IN&0x0f)
#define u8 unsigned char
#define u16 unsigned int
u8 key_val=0;//按键的键值
void delay(u16 z)
{
  u16 y;
  while(z--)
    for(y=0;y<80;y++);
}
void main(void)
{
  WDTCTL=WDTPW+WDTHOLD;//关闭看门狗
  P2IES=0x07;//P2.0~P2.2 选择下降沿中断
  P2IE=0x07;//打开 P2.0~P2.2 中断使能
```

```
    P1DIR = 0xff;
    P1OUT = 0xff;
    _EINT();//打开全局中断控制位
    while(1)
    {
        LPM1;
        P1OUT = ~(1<<(key_val-1));
    }
}
#pragma vector = PORT2_VECTOR
_interrupt void PORT2(void)
{
    if( P2IFG&0x07)
    {
        switch( P2IFG)
        {
            case 0x01:if(key = = 0x06)//如果是第一个按键被按下
                    {
                        delay(10);
                        if( key = = 0x06)
                        {
                            while(key! = 0x07);//等待按键松开
                            key_val = 1;
                            LPM1_EXIT;
                            P2IFG = 0x00;
                            return;
                        }
                    }
            case 0x02:if(key = = 0x05)//如果是第二个按键被按下
                    {
                        delay(10);
                        if( key = = 0x05)
                        {
                            while(key! = 0x07);
```

```
                        key_val = 2;

                        LPM1_EXIT;

                        P2IFG = 0x00;

                        return;

                    }

                }

    case 0x04:if(key = =0x03)//如果是第三个按键被按下

                {

                    delay(10);

                    if(key = = 0x03)

                    {

                        while(key! =0x07);

                        key_val = 3;

                        LPM1_EXIT;

                        P2IFG = 0x00;

                        return;

                    }

                }

    default: while(key! =0x07);

    P2IFG = 0x00;

    return;

    }

}
```

4. 仿真结果与分析

运行仿真后,按 K1 键 LED1 点亮,按 K2 键 LED2 点亮,按 K3 键 LED3 点亮。在连接电路时,按键电路必须严格按照电路图连线。若自行连接的电路有 4 个以上的按键,程序需要重新适当修改,电路能正常运行。

五、思考题

1. 利用 P1.2 端口外部中断,在低功耗模式下,实现对 P2.2 端口接的 LED 亮灭控制。

2. 利用 P1.7 端口外部中断,在低功耗模式下,实现对 P2.7 端口接的 LED 亮灭控制。

3. 用中断方式读取四个独立按键的键值,同时控制对应 LED 工作,要求使用和本书不同的编程方法实现。

实训四　定时器的应用

一、实训目的

1. 了解定时器寄存器的构成。

2. 掌握定时器的配置方法。

3. 学会定时器的编程方法。

二、实训原理

基础时钟模块具有 3 个振荡器,这 3 个振荡器分别是 LFXT1 低频振荡器(频率 32 768 Hz)、XT2 高频振荡器(频率 400 kHz ~ 16 MHz)和 DCO 内部数字控制振荡器 (频率约 1.1 MHz)。这 3 个振荡器都可以通过软件设定进行 1/2/4/8 分频,产生单片机工作需要的 3 个时钟信号,分别是主时钟 MCLK、子系统时钟 SMCLK 和辅助时钟 ACLK。

MCLK 通过编程选择振荡器 LFXT1、XT2 和 DCO 或 1/2/4/8 分频作为其信号源。 SMCLK 选择振荡器 XT2 和 DCO 或 1/2/4/8 分频作为其信号源。ACLK 只能由 LFXT1 时钟信号或 1/2/4/8 分频作为其信号源。

低频振荡器主要用来降低能量消耗,如使用电池供电的系统。高频振荡器用来对事件做出快速反应或者供 CPU 进行大量运算。使用时可以根据需要选择合适的振荡器,也可以在不需要时关闭一些振荡器,节省功耗。

1. 看门狗定时器

看门狗定时器 WDT 是特殊定时器,其主要功能是当单片机软件出现故障,如程序 "跑飞"或陷入死循环时,能使系统重新启动。

(1)看门狗模式,单片机上电默认为看门狗模式,使用内部时钟源 DCOCLK,经过 32 768 个时钟周期后,系统复位。因此,用户在程序中先停止看门狗模式功能。

(2)定时器模式,将 WDTCTL 的 WDTTMSEL 置位时,看门狗定时器处于定时器模式。

(3)寄存器。

①控制寄存器

表4.1　控制寄存器 WDTCTL

15～8	7	6	5	4
WDTPW	WDTHOLD	WDTNMIES	WDTNMI	WDTTMSEL
3	2	1	0	—
WDTCNTCL	WDTSSEL	WDTISx	WDTHOLD	—

WDTPW:看门狗定时器访问安全口令,读取时总为0x69,写入时必须为0x5A,否则产生一个 PUC 信号。

WDTHOLD:看门狗定时器暂停位,置0时看门狗定时器正常工作,置1时看门狗定时器停止工作。

WDTNMIES:NMI 边沿选择位,置0时上升沿触发 NMI,置1时下降沿触发 NMI 中断。

WDTNMI:复位引脚和 NMI 选择位,置0时 RST/NMI 引脚为复位端,置1时 RST/NMI 引脚为边沿触发的非屏蔽中断输入。

WDTTMSEL:看门狗定时器模式选择位,置0时为看门狗模式,置1时为定时器模式。

WDTCNTCL:计数器清零控制位,置0时无作用,置1时计数器清零,WDTCNT=0。

WDTSSEL:时钟源选择位,置0时为 SMCLK,置1时为 ACLK。

WDTISx:时间间隔选择位,x=0,1,如表4.2所示。

表4.2　时间间隔选择位

xx	频率/Hz	时钟源1 MHz 的时间间隔/ms	时钟源32 768 Hz 的时间间隔/ms
00	时钟/32 768	32	1 000
01	时钟源/8 192	8	250
10	时钟源/512	0.5	16
11	时钟源/64	0.064	1.9

②中断允许寄存器

定时器的中断允许寄存器(IE1)如表4.3所示。

表4.3　中断允许寄存器

7	6	5	4	3	2	1	0
—	—	—	NMIIE	—	—	—	WDTIE

位7～5、3～1与看门狗定时器寄存器无关,表4.3未列出。

NMIIE:NMI 中断允许位,置0时中断禁止,置1时中断允许。

WDTIE:看门狗定时器中断允许位,置0时中断禁止,置1时中断允许,用于定时器模式,看门狗模式不需要中断允许。

③中断标志寄存器

定时器的中断标志寄存器 IFG1 如表 4.4 所示。

表 4.4　中断标志寄存器

7	6	5	4	3	2	1	0
—	—	—	NMIIFG	—	—	—	WDTIFG

位 7~5、3~1 与看门狗定时器寄存器无关,表 4.4 未列出。

NMIIFG:NMI 中断标志位,置 0 时没有中断,置 1 时中断标志建立。

WDTIFG:看门狗定时器中断标志位,置 0 时没有中断,置 1 时中断标志位建立。

2. 定时器 A

定时器 A 包含 1 个 16 位定时/计数器、1 个控制寄存器、1 个中断向量寄存器、3 个可配置的捕获/比较控制寄存器和 3 个捕获/比较寄存器。

表 4.5　定时器 A 的相关寄存器

序号	地址	简写	寄存器名称
1	160H	TACTL	控制寄存器
2	162H	TACCTL0	捕获/比较控制寄存器 0
3	164H	TACCTL1	捕获/比较控制寄存器 1
4	166H	TACCTL2	捕获/比较控制寄存器 2
5	170H	TAR	16 位定时/计数器
6	172H	TACCR0	捕获/比较寄存器 0
7	174H	TACCR1	捕获/比较寄存器 1
8	176H	TACCR2	捕获/比较寄存器 2
9	12EH	TAIV	中断向量寄存器

(1)定时器 A 的控制寄存器(TACTL)如表 4.6 所示。

表 4.6　定时器 A 的控制寄存器

15	14	13	12	11	10	9	8
未用						TASSELx	
7	6	5	4	3	2	1	0
IDx		MCx		未用	TACLR	TAIE	TAIFG

TASSELx:定时器时钟源选择(x=0,1)如表 4.7 所示。

表4.7　定时器时钟源选择

xx	时钟源	说明	宏定义
00	TACLK	外部引脚输入时钟	TASSEL_0
01	ACLK	辅助时钟	TASSEL_1
10	SMCLK	子系统时钟	TASSEL_2
11	INCLK	TACLK 反相信号	TASSEL_3

IDx:分频系数(x=0,1)选择如表4.8所示。

表4.8　分频系数选择

xx	说明	宏定义
00	直通	ID_0
01	2分频	ID_1
10	4分频	ID_2
11	8分频	ID_3

MCx:定时器模式(x=0,1)选择如表4.9所示。

表4.9　定时器模式选择

xx	模式选择	说明	宏定义
00	停止	—	MC_0
01	增计数模式	计数值上限为 TACCR0	MC_1
10	连续计数模式	计数值上限为 0FFFFH	MC_2
11	增/减计数模式	计数值上限为 TACCR0	MC_3

TACLR:定时器 A 清除位,该位将计数器 TAR 清零、分频系数清零、计数模式置为增计数模式。TACLR 由硬件自动复位,其读出始终为0。定时器在下一个有效输入沿开始工作。

TAIE:定时器 A 中断允许位,为0时中断禁止,为1时中断允许。

TAIFG:定时器 A 中断标志位,为0时没有中断,为1时中断标志位建立。增计数模式,当定时器由 TACCR0 计数到0时,TAIFG 置位。连续计数模式,当定时器由 0FFFFH 计数到0时,TAIFG 置位。增/减计数模式,当定时器由 TACCR0 增/减计数到0时,TAIFG 置位。

(2)定时器 A 的16位定时计数器 TARx。

(3)定时器 A 捕获/比较。

有3个捕获/比较模块,每个模块都有自己的控制寄存器 TACCTL0～TACCTL2,如表4.10所示。

表 4.10　捕获/比较控制寄存器(TACCTL0)

15	14	13	12	11	10	9	8
CMx		CCISx		SCS	SCCI	—	CAP
7	6	5	4	3	2	1	0
OUTMODx			CCIE	CCI	OUT	COV	CCIFG

CMx:捕获模式(x=0,1)的选择如表 4.11 所示。

表 4.11　捕获模式

xx	说明	宏定义
00	禁止捕获	CM_0
01	上升沿捕获	CM_1
10	下降沿捕获	CM_2
11	上升沿与下降沿都捕获	CM_3

CCISx:捕获/比较输入信号选择如表 4.12 所示。

表 4.12　捕获/比较输入信号选择

xx	说明	宏定义
00	CCIxA(x=0,1,2)	CCIS_0
01	CCIxB(x=0,1,2)	CCIS_1
10	GND	CCIS_2
11	VCC	CCIS_3

SCS:同步捕获源选择,置 0 时为异步捕获,置 1 时为同步捕获。异步捕获模式允许在请求时立即将 CCIFG 置位和捕获定时器值,适用于捕获信号的周期远大于定时器时钟周期的情况。在实际中经常使用同步捕获模式,捕获事件发生时,CCIFG 置位和捕获定时器值将与定时器时钟信号同步。

SCCI:同步捕获/比较输入位,仅用于比较模式。

CAP:模式选择位,置 0 时为比较模式,置 1 时为捕获模式。

OUTMODx:输出模式(x=0,1,2),如表 4.13 所示。

表 4.13　输出模式

xxx	模式名称	说明	宏定义
000	输出	输出信号由 TACCTLx 的 OUT 决定	OUTMOD_0
001	置位	当计数值达到 TACCRx 值时,输出信号为高电平并保持,直到定时器复位	OUTMOD_1
010	翻转/复位	当计数值达到 TACCRx 值时,输出信号翻转;当达到 TACCR0 值时,输出信号复位	OUTMOD_2

续表

xxx	模式名称	说明	宏定义
011	置位/复位	当计数值达到 TACCRx 值时,输出信号置位;当达到 TACCR0 值时,输出信号复位	OUTMOD_3
100	翻转	当计数值达到 TACCRx 值时,输出信号翻转	OUTMOD_4
101	复位	当计数值达到 TACCRx 值时,输出信号复位	OUTMOD_5
110	翻转/置位	当计数值达到 TACCRx 值时,输出信号翻转;当达到 TACCR0 值时,输出信号置位	OUTMOD_6
111	复位/置位	当计数值达到 TACCRx 值时,输出信号复位;当达到 TACCR0 值时,输出信号置位	OUTMOD_7

CCIE:捕获/比较中断使能位,为 0 时中断禁止,为 1 时中断允许。

CCI:捕获/比较输入位,用来读取选择的输入信号。

OUT:输出位,如果 OUTMODx 设为 000 时,那么由该位决定输出到 OUTx 中的信号。为 0 时输出低电平,为 1 时输出高电平。

COV:捕获溢出标志位,当 CAP=1 时,选择捕获模式,如果捕获寄存器的值被读出前再次发生捕获事件,则 COV 置位。读捕获寄存器时不会使溢出标志复位,应用软件复位。

CCIFG:捕获/比较中断标志位,捕获模式,寄存器 CCRx 捕获了定时器 TAR 值时置位;比较模式,定时器 TAR 值等于寄存器 CCRx 值时置位。

(4)定时器 A 的中断矢量寄存器 TAIV,如表 4.14 所示。

表 4.14　中断矢量寄存器

15~4	3~1	0
0	TAIVx	0

中断矢量值确定申请 TAIVx 中断的中断源,具体含义如表 4.15 所示。

表 4.15　中断源的含义

xxx	TAIV 值	中断源	中断标志	优先级
000	0	没有中断	—	高
001	2	捕获/比较器 1	TACCR1_CCIFG	
010	4	捕获/比较器 2	TACCR2_CCIFG	
011	6	保留	—	↑
100	8	保留	—	
101	10	定时器溢出	TAIFG	
110	12	保留	—	低
111	14	保留	—	

3.定时器 B

定时器时钟源可以是内部时钟源 ACLK 和 SMCLK 或外部时钟源 TBCLK 和 INCLK。时钟源由 TBSSEL0、TBSSEL1 位来选择,所选择的时钟可以通过 ID0、ID1 位进行 2/4/8 分频,当 TBCLR 置位时,分频器复位。

表 4.16　定时器 B 的相关寄存器

序号	地址	简写	寄存器名称
1	0180H	TBCTL	定时器 B 控制寄存器
2	0182H	TBCCTL0	捕获/比较控制寄存器 0
3	0184H	TBCCTL1	捕获/比较控制寄存器 1
4	0186H	TBCCTL2	捕获/比较控制寄存器 2
5	0188H	TBCCTL3	捕获/比较控制寄存器 3
6	018AH	TBCCTL4	捕获/比较控制寄存器 4
7	018CH	TBCCTL5	捕获/比较控制寄存器 5
8	018EH	TBCCTL6	捕获/比较控制寄存器 6
9	0190H	TBR	定时器 B 计数器
10	0192H	TBCCR0	捕获/比较寄存器 0
11	0194H	TBCCR1	捕获/比较寄存器 1
12	0196H	TBCCR2	捕获/比较寄存器 2
13	0198H	TBCCR3	捕获/比较寄存器 3
14	019AH	TBCCR4	捕获/比较寄存器 4
15	019CH	TBCCR5	捕获/比较寄存器 5
16	019EH	TBCCR6	捕获/比较寄存器 6
17	011EH	TBIV	TB 中断向量寄存器

（1）定时器 B 控制寄存器（TBCTL）如表 4.17 所示。

表 4.17　定时器 B 控制寄存器

15	14	13	12	11	10	9	8
未用	TBCLGRPx		CNTLx		未用	TBSSELx	
7	6	5	4	3	2	1	0
IDx		MCx		未用	TBCLR	TBIE	TBIFG

TBCLGRPx（x=0,1）:比较寄存器控制,如表 4.18 所示。

表 4.18　TBCLGRPx 比较寄存器控制

xx	说明	宏定义
00	每个 TBCLx 锁存器独立加载	TBCLGRP_0
01	TBCL1+TBCL2（TBCCR1 CLLDx 位控制更新） TBCL3+TBCL4（TBCCR3 CLLDx bits 位控制更新） TBCL5+TBCL6（TBCCR5 CLLDx bits 位控制更新） TBCL0 单独更新	TBCLGRP_1
10	TBCL1+TBCL2+TBCL3（TBCCR1 CLLDx bits 位控制更新） TBCL4+TBCL5+TBCL6（TBCCR4 CLLDx bits 位控制更新） TBCL0 单独更新	TBCLGRP_2
11	TBCL0+TBCL1+TBCL2+TBCL3+TBCL4+TBCL5+TBCL6 （TBCCR1 CLLDx bits 位控制更新）	TBCLGRP_3

CNTLx：计数长度选择，如表 4.19 所示。

表 4.19　CNTLx 计数长度选择

xx	计数长度	TBR 最大值	宏定义
00	16 位	0FFFFH	CNTL_0
01	12 位	0FFFH	CNTL_1
10	10 位	03FFH	CNTL_2
11	8 位	0FFH	CNTL_3

TBSSELx：定时器时钟源选择如表 4.20 所示。

表 4.20　TBSSELx 定时器时钟源选择

xx	时钟源	说明	宏定义
00	TBCLK	外部引脚输入时钟	TBSSEL_0
01	ACLK	辅助时钟	TBSSEL_1
10	SMCLK	子系统时钟	TBSSEL_2
11	INCLK	TBCLK 反相信号	TBSSEL_3

IDx：分频系数选择如表 4.21 所示。

表 4.21　IDx 分频系数选择

xx	分频系数	宏定义
00	直通	ID_0
01	2 分频	ID_1
10	4 分频	ID_2
11	8 分频	ID_3

MCx：模式选择如表 4.22 所示。

表4.22　MCx 定时器模式选择

xx	模式选择	说明	宏定义
00	停止	—	MC_0
01	增计数模式	计数值上限为 TBCCR0	MC_1
10	连续计数模式	计数值上限为 0FFFFH	MC_2
11	增/减计数模式	计数值上限为 TBCCR0	MC_3

TBCLR:定时器 B 清除位,该位将计数器 TBR 清零、分频系数清零、计数模式置为增计数模式。TBCLR 由硬件自动复位,其读出始终为 0。定时器在下一个有效输入沿开始工作。

TBIE:定时器 B 中断允许位,为 0 时中断禁止,为 1 时中断允许。

TBIFG:定时器 B 中断标志位,为 0 时没有中断,为 1 时中断标志位建立。增计数模式,当定时器由 TBCCR0 计数到 0 时,TBIFG 置位。连续计数模式,当定时器由 0FFFFH 计数到 0 时,TBIFG 置位。增/减计数模式,当定时器由 TBCCR0 增/减计数到 0 时,TBIFG 置位。

(2)定时器 B 的 16 位定时计数器 TBR 如表 4.23 所示。

表4.23　16 位定时计数器 TBR

15~0
TBRx

(3)定时器 B 有 7 个捕获/比较模块,每个模块都有自己的控制寄存器 TBCCTL0~TBCCTL6,如表 4.24 所示。

表4.24　捕获/比较控制寄存器 TBCCTLx(x=0~6)

15	14	13	12	11	10	9	8
CMx	CCISx	SCS	CLLDx	CAP	—	—	—
7	6	5	4	3	2	1	0
OUTMODx	CCIE	CCI	OUT	COV	CCIFG	—	—

CMx:捕获模式选择如表 4.25 所示。

表4.25　CMx 捕获模式(x=0,1)

xx	捕获模式	宏定义
00	禁止捕获	CM_0
01	上升沿捕获	CM_1
10	下降沿捕获	CM_2
11	上升沿与下降沿都捕获	CM_3

CCISx:捕获/比较输入信号选择如表 4.26 所示。

表 4.26 CCISx 捕获/比较输入信号选择

xx	输入信号选择	宏定义
00	CCIxA(x=0,1,2)	CCIS_0
01	CCIxB(x=0,1,2)	CCIS_1
10	GND	CCIS_2
11	VCC	CCIS_3

SCS:同步捕获源选择,置 0 时异步捕获,置 1 时同步捕获。

在实际中经常使用同步捕获模式,捕获事件发生时,CCIFG 置位和捕获定时器值将与定时器时钟信号同步。

CLLDx:比较锁存器加载,该位选择比较锁存器加载事件,如表 4.27 所示。

表 4.27 CLLDx 比较锁存器加载选择

xx	说明	宏定义
00	TBCCRx 写入时,TBCLx 加载(x=0~6)	CLLD_0
01	TBR 计数到 0 时,TBCLx 加载	CLLD_1
10	计数到 0 时,增计数模式或连续计数模式 TBCLx 加载;计数到 TBCL0 或 0 时,增/减计数模式 TBCLx 加载	CLLD_2
11	TBR 计数到 TBCLx 时,TBCLx 加载	CLLD_3

CAP:模式选择位,置 0 时为比较模式,置 1 时为捕获模式。

OUTMODx(x=0,1,2):输出模式,输出模式的选择如表 4.28 所示。

表 4.28 输出模式选择

xxx	模式名称	说明	宏定义
000	输出	输出信号由 TBCCTLx 的 OUT 决定	OUTMOD_0
001	置位	当计数值达到 TBCCRx 值时,输出信号为高电平并保持,直到定时器复位	OUTMOD_1
010	翻转/复位	当计数值达到 TBCCRx 值时,输出信号翻转;当达到 TBCCR0 值时,输出信号复位	OUTMOD_2
011	置位/复位	当计数值达到 TBCCRx 值时,输出信号置位;当达到 TBCCR0 值时,输出信号复位	OUTMOD_3
100	翻转	当计数值达到 TBCCRx 值时,输出信号翻转	OUTMOD_4
101	复位	当计数值达到 TBCCRx 值时,输出信号复位	OUTMOD_5
110	翻转/置位	当计数值达到 TBCCRx 值时,输出信号翻转;当达到 TBCCR0 值时,输出信号置位	OUTMOD_6
111	复位/置位	当计数值达到 TBCCRx 值时,输出信号复位;当达到 TBCCR0 值时,输出信号置位	OUTMOD_7

CCIE:捕获/比较中断使能位,为 0 时中断禁止,为 1 时中断允许。

CCI:捕获/比较输入位,用来读取选择的输入信号。

OUT:输出位,如果 OUTMODx 设为 000 时,那么由该位决定输出到 OUTx 中的信号。为 0 时输出低电平,为 1 时输出高电平。

COV:捕获溢出标志位,当 CAP=1 时,选择捕获模式,如果捕获寄存器的值被读出前再次发生捕获事件,则 COV 置位。读捕获寄存器时不会使溢出标志复位,应用软件复位。

CCIFG:捕获/比较中断标志位。捕获模式,寄存器 CCRx 捕获了定时器 TBR 值时置位;比较模式,定时器 TBR 值等于寄存器 CCRx 值时置位。

(4)定时器 B 中断矢量寄存器 TBIV 如表 4.29 所示。

表 4.29　中断矢量寄存器

15~4	3~1	0
0	TBIVx	0

中断矢量值确定申请 TBIVx 中断的中断源,具体含义如表 4.30 所示。

表 4.30　TBIVx 中断源的具体含义

xxx	TBIV 值	中断源	中断标志	优先级
000	0	没有中断	—	高
001	2	捕获/比较器 1	TBCCIFG1_CCIFG	↑
010	4	捕获/比较器 2	TBCCIFG2_CCIFG	
011	6	捕获/比较器 3	TBCCIFG3_CCIFG	
100	8	捕获/比较器 4	TBCCIFG4_CCIFG	
101	10	捕获/比较器 5	TBCCIFG5_CCIFG	↓
110	12	捕获/比较器 6	TBCCIFG6_CCIFG	低
111	14	定时器溢出	TBIFG	

P4.0/TB0~P4.6/TB6 为通用数字 I/O 定时器 B 比较 OUT0~OUT6 输出或捕获 CCI0A/B~CCI6A/B 输入。P4.7/TBCLK 为通用数字 I/O 定时器 B 及时钟输入。

4.定时器工作原理

(1)定时器的 4 种工作模式(以定时器 A 为例)

①停止模式,定时器停止工作。

②增计数模式,如果定时器原来处于停止模式,设置增计数模式会同时启动计数器 TAR 开始计数。当计数值达到 TACCR0 寄存器的值时,中断标志 TACCR0_CCIFG 置位。当下一个计数时钟到来时,计数器 TAR 的值变为 0,重新开始新一轮计数。因此,定时器的计数周期由 TACCR0 的值决定。由于必须用 TACCR0 寄存器存放计数的最大值,所以

增计数模式比连续计数模式多占用了 TACCR0 寄存器空间。在增计数期间还可以设置 CCR1、CCR2 来产生中断标记,产生脉冲宽度调制(PWM)等信号。

③连续计数模式,连续计数模式与增计数模式的区别是连续计数模式不占用 TACCR0 寄存器。当 CCRx(x=0,1,2)寄存器的值与 TAR 的值相等时,若此时 CCRx 处于中断允许,则产生相应的中断标志位 CCIFGx。而 TAR 的中断标志位 TAIFG 则在 TAR 计数值从 0FFFFH 转为 0 时产生。定时器 A 连续计数模式启动后,TAR 的值开始从 0~FFFF 不断重复计数,直至软件控制其停止计数为止。

④增/减计数模式也要用到 TACCR0 寄存器,定时器启动后,计数值先从 0 增加到 TACCR0 寄存器中的值,然后计数器又开始减少,减少到 0 后,计数器又递增,如此周而复始。在增/减计数模式一个周期中,中断标志位 TAIFG 和 TACCR0_CCIFG 各置位一次。当计数值达到最大值即 TACCR0 的值时,中断标志位 TACCR0_CCIFG 置位。当计数值递减到 0 时,中断标志位 TAIFG 置位。增/减计数模式在定时器周期不是 0FFFFH 且需要产生对称的脉冲时使用。例如,两个输出驱动一个 H 桥时不能同时为高,增/减计数模式支持在输出信号之间有死区时间的应用。

(2)定时器工作原理说明(以定时器 A 为例)

①比较模式,这是定时器的默认模式。如果事先设置好定时器的比较值 TACCRx(x=0,1,2),并开启定时器中断,当 TAR 的值增加到 TACCRx 的时候,中断标志位 CCIFGx(x=0,1,2)置 1,进入相应的中断服务程序。比较模式常用于产生 PWM 信号或设置给定时间间隔中断。

②捕获模式,当 TACCTLx(x=0,1,2)控制寄存器中的 CAP 置位时,则相应的 TACCRx 处于捕获模式。捕获源可以由 CCISx 选择 CCIxA、CCIxB、GND、VCC,可以利用外部信号的上升沿、下降沿或上升/下降沿触发,完成捕获后相应的捕获标志位 CCIFGx 置 1。当捕获事件发生时,硬件自动将计数器 TAR 的值拷贝到 TACCRx 寄存器中,同时中断标志位 CCIFGx 置位。

③输出模式,输出模式由 OUTMODx 位来确定,如表 4.28 所示。

模式 0 用于电平输出,由 OUT 位来控制 TAx(x=0,1,2)管脚的高低电平输出。

模式 1 和模式 5 为单脉冲输出,可以用来代替单稳态电路产生单脉冲波形。模式 2 和模式 6 为带死区的 PWM 模式。

模式 3 和模式 7 用来产生 PWM 信号。模式 4 为可变频率或移相输出。

(3)定时器工作模式说明

①定时器 A 工作在增计数模式下,TACCR0 作为周期寄存器,TACCR1 作为比较寄存器。

②定时器 A 工作在连续计数模式下,TACCR0、TACCR1 作为比较寄存器。

③定时器 A 工作在增/减计数模式下,TACCR0 作为周期寄存器,TACCR1 和 TACCR2 作为比较寄存器。

（4）定时器 A 的中断说明

定时器 A 有两个中断向量，一个单独分配给捕获/比较寄存器 CCR0，另一个作为共用的中断向量用于定时器溢出和其他的捕获/比较寄存器 CCR1 和 CCR2。

CCR0 中断向量具有最高的优先级，CCR0 用于定义增计数模式和增/减计数模式的周期。CCR0 的中断标志位 TACCR0_CCIFG 在执行中断服务程序时能自动复位。

CCR1、CCR2 和定时器溢出共用另一个中断向量，属于多源中断，对应的中断标志位为 TACCR1_CCIFG、TACCR2_CCIFG 和 TAIFG1，在读中断向量字 TAIV 后，自动复位。如果不访问 TAIV 寄存器，则不能自动复位，必须用软件清除。如果相应的中断允许位为 0，不允许中断，则将不会产生中断请求，但中断标志位仍存在，这时必须用软件清除。

（5）定时器 B 的捕获/比较功能

定时器 B 可以支持捕获/比较功能、PWM 输出和定时器功能，定时器 B 的捕获/比较寄存器是双缓冲结构，定时器 B 比定时器 A 使用更为灵活。

定时器 B 与定时器 A 的大多数功能相同，定时器 B 的长度是可编程的，可编程为 8/10/12/16 位。定时器 B 的 TBCCRx（x＝0~6）寄存器是双缓冲的，并可以成组工作。所有定时器 B 的输出可以为高阻抗状态。SCCI 位功能在定时器 B 中不存在。

定时器 B 可以通过 CNTL0、CNTL1 位将它配置为 8、10、12 或 16 位定时器，相应的最大计数数值分别为 0FFh、03FFh、0FFFh 和 0FFFFh。在 8、10 和 12 位模式下，对 TBR 写入数据时，数据的高 4 位必须为 0。

时钟源的选择和分频：定时器的时钟源可以是内部时钟源 ACLK、SMCLK 或外部时钟源 TBCLK 和 INCLK。时钟源由 TBSSEL0、TBSSEL1 位来选择，所选择的时钟可以通过 ID0、ID1 位进行 2/4/8 分频，当 TBCLR 置位时，分频器复位。

定时器可以通过以下两种方式启动或重新启动。

①定时器 B 的 TBCTL 寄存器中的 MCx>0 并且时钟源处于活动状态。

②定时器 B 的模式为增计数模式或增/减计数模式时，定时器可以通过写 0 到 TBCLR 来停止计数。定时器可以通过写一个非零的数值来重新开始计数。在这种情况下，定时器从 0 开始增计数。

捕获/比较寄存器 TBCCRx（x＝1~6）中的 CCIFG 和 TBIFG 标志共用一个中断向量，不包括 TBCCR0_CCIFG。中断向量寄存器 TBIV 用于确定它们中的哪个中断要求得到响应。最高优先级的中断，不包括 TBCCR0_CCIFG，TBCCR0 单独使用一个中断向量。在 TBIV 寄存器中产生一个数字，这个数字是规定的数字，可以在程序中识别并自动进入相应的子程序。禁止定时器 B 中断不会影响 TBIV 的值。

三、硬件实训

1. 硬件电路

8 位 LED 电路图如图 4.1 所示。

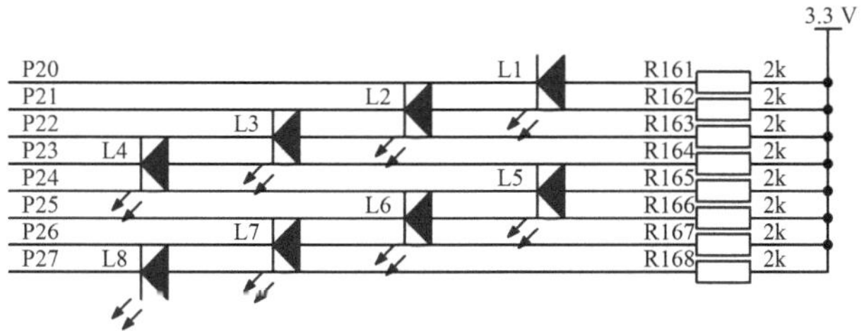

图 4.1 8 位 LED 电路图

2.设计要求

(1)利用看门狗定时器产生设定的时间间隔中断,在中断服务程序中切换 LED,亮 1 s 灭 1 s。

(2)利用定时器 A 产生设定的时间间隔中断,在中断服务程序中切换 LED 亮灭,亮 1 s 灭 1 s。

(3)利用 P2.3(TA1)和 P2.4(TA2)的定时器 A 产生占空比 75% 和 25% 的两路 PWM 信号,周期均为 20 ms。

3.程序设计

(1)程序 1

```
#include <msp430x14x.h>
void main(void)
{
    WDTCTL=WDTPW+WDTTMSEL+WDTCNTCL+WDTSSEL;
    //看门狗定时器时间间隔为 1 s
    IE1|=WDTIE;//允许看门狗中断
    P2DIR|=BIT0;//P2.0 输出
    P2OUT|=BIT0;
    _EINT();//开启总中断
    LPM3;//低功耗模式
}
//看门狗中断服务程序
#pragma vector=WDT_VECTOR
_interrupt void watchdog_timer()
{
    P2OUT^=BIT0;
}
```

（2）程序 2

方法 1：

```
#include <msp430x14x.h>
void main(void)
{
    WDTCTL=WDTPW+WDTHOLD;//关闭看门狗
    P2DIR|=0xff;//P2 为输出端口
    P2OUT|=0xff;;//P2 输出高电平
    CCTL0=CCIE;//CCR0 中断允许
    CCR0=32767;//定时时间间隔 1 s
    TACTL=TASSEL_1+MC_1;//定时器 A 时钟源为 ACLK,增计数模式
    _EINT();
    LPM0;
}
//定时器 A0 中断服务程序
#pragma vector=TIMERA0_VECTOR
_interrupt void Timer_A()
{
    P2OUT^=0xff;//P2 取反
}
```

方法 2：

```
#include <msp430x14x.h>
void main(void)
{
    WDTCTL=WDTPW+WDTHOLD;//关闭看门狗
    P2DIR=0xff;//P2 为输出端口
    P2OUT=0xff;//P2 输出高电平
    CCTL0=CCIE;//使能 CCR0 中断
    CCR0=4095;//设定周期 1 s
    TACTL=TASSEL_1+ID_3+MC_1;//定时器 A 的时钟源选择 ACLK,增计数模式
    _EINT();//使能全局中断
    LPM3;//CPU 进入 LPM3 模式
}
```

```
//定时器 A 的中断服务函数
#pragma vector=TIMERA0_VECTOR
_interrupt void Timer_A(void)
{
    P2OUT^=0xff;//取反
}
```

方法 3：
```
#include <msp430x14x.h>
void main(void)
{
    WDTCTL=WDTPW+WDTHOLD;//关闭看门狗
    P2DIR=0xff;//P2 为输出端口
    P2OUT=0xff;//P2 输出高电平
    CCTL0=CCIE;//使能 CCR0 中断
    CCR0=500000;//设定周期
    //定时器 A 的时钟源选择 SMCLK,增计数模式,清除 TAR
    TACTL=TASSEL_2+MC_1+TACLR;
    _EINT();
    LPM0;
}
//定时器 A 的中断服务函数
#pragma vector=TIMERA0_VECTOR
_interrupt void Timer_A(void)
{
    P2OUT^=0xff;//P2 取反
}
```

(3)程序 3
方法 1:周期 20 ms
```
#include <msp430x14x.h>
void main(void)
{
    WDTCTL=WDTPW+WDTHOLD;//关闭看门狗
```

P2DIR|=0x18;//P2.3 和 P2.4 输出

P2SEL|=0x18;//P2.3(TA1)和 P2.4(TA2)输出

BCSCTL2|=SELS;//SMCLK=XT2

BCSCTL2=DIVS1+DIVS0;//SMCLK 8 分频

CCR0=20000;//PWM 周期

CCTL1=OUTMOD_7;//CCR1 复位/置位

CCR1=15000;//CCR1 的 PWM 占空比 75%

CCTL2=OUTMOD_7;//CCR2 复位/置位

CCR2=5000;//CCR2 的 PWM 占空比 25%

TACTL=TASSEL_2+MC_1;//定时器 A 时钟源为 SMCLK,增计数模式

_EINT();

LPM0;

}

方法 2:周期 1 s

```c
#include <msp430x14x.h>

void main(void)
{

    WDTCTL=WDTPW+WDTHOLD;

    P2DIR=0x18;

    P2SEL|=0x18;

    CCR0=4095;

    CCTL1=OUTMOD_7;//CCR1 复位/置位

    CCR1=3072;//CCR1 的 PWM 占空比 75%

    CCTL2=OUTMOD_7;//CCR2 复位/置位

    CCR2=1024;//CCR2 的 PWM 占空比 25%

    TACTL=TASSEL_1+ID_3+MC_1;//ACLK/8,增计数模式

    _EINT();

    LPM0;

}
```

4.结果与分析

(1)看门狗定时器时钟源选用 ACLK(32 768 Hz),分频系数为 32 768,得到 1 s 定时时间。

①宏定义定时时间间隔为 1 000 ms。

#define WDT_ADLY_1000（WDTPW+WDTTMSEL+WDTCNTCL+WDTSSEL）

②宏定义定时时间间隔为 250 ms。

#define WDT_ADLY_250（WDTPW+WDTTMSEL+WDTCNTCL+WDTSSEL+WDTIS0）

③宏定义定时时间间隔为 16 ms。

#define WDT_ADLY_16（WDTPW+WDTTMSEL+WDTCNTCL+WDTSSEL+WDTIS1）

④宏定义定时时间间隔为 1.9 ms。

#define WDT_ADLY_1_9（WDTPW+WDTTMSEL+WDTCNTCL+WDTSSEL+WDTIS1+WDTIS0）

注意,程序中 LPM3 低功耗模式 3 放到_EINT( )前,无运行结果。

（2）定时器 A 的时钟源一般选择 SMCLK 和 ACLK。

ACLK 为低频晶振 32 768 Hz 及 1/2/4/8 分频,定时器 A 可以再次对 ACLK 进行 1/2/4/8 分频,定时器 A 的时基最小为 1/32 768 s 约 30 μs,最大为 64 分频即 1.95 ms,因此定时器 A 的定时范围为 2 s,对应时基 30 μs;128 s 对应时基 1.95 ms。

SMCLK 可选择 XT2 高频振荡器和 DCO 内部数字控制振荡器作为时钟源,若 SMCLK 选择 XT2 为 8 MHz,则定时器 A 的时基最小为 0.125 μs,最大为 64 分频即 8 μs,因此定时器 A 的定时范围为 8.19 ms,对应时基最小为 0.125 μs;524 ms 对应时基 8 μs。

一般要求定时器时间间隔小于几百毫秒时,定时器 A 的时钟源采用 SMCLK,SMCLK 一般选取 XT2,XT2 频率范围为 400 kHz~16 MHz 作为时钟源。定时器时间间隔几百毫秒至几十秒时,应采用 ACLK 或适当分频作为定时器 A 的时钟源。

_BIS_SR(LPM0_bits+GIE)打开 LPM0 模式,总中断允许。同_EINT( )和 LPM0 两条程序功能一样。

_bis_SR_register(LPM0_bits+GIE)进入低功耗模式 0,使能总中断。同_EINT( )和 LPM0 两条程序功能一样。

定时时间: 1/32 768 × 8 × 2 048 = 0.5 s。

（3）定时器 A 有多种信号输出模式。

输出模式 3 和模式 7 用来产生 PWM 信号,在定时器 A 的增计数模式,用 CCR0 控制 PWM 信号的周期,CCR1、CCR2 控制占空比,可以得到两路不同占空比的 PWM 信号。

SMCLK=XT2=8 MHz,定时器 A 时钟源为 SMCLK 的 8 分频即 1 MHz,增计数模式。时基单位 1 μs,CCR0=20 000,则定时时间间隔 20 ms 即 PWM 周期=20 ms。两路 PWM 信号从 P2.3(TA1)定时器 A 比较 OUT1 输出和 P2.4(TA2)定时器 A 比较 OUT2 输出,设置 CCR1=20 000×75%=15 000,则 TA1 的 PWM 信号占空比为 75%,设置

CCR2 = 20 000×25% = 5 000,则 TA2 的 PWM 信号占空比为 25%。

四、仿真实训

1. 设计要求

（1）利用看门狗定时器产生设定的时间间隔中断,在中断服务程序中切换 LED,亮 1 s 灭 1 s。

（2）利用定时器 A 产生设定的时间间隔中断,在中断服务程序中切换 LED 亮灭,亮 1 s 灭 1 s。

（3）利用定时器 A 产生 4 路周期信号,周期分别为 4 s、2 s、1 s 和 0.25 s,4 路周期信号分别从 P1.0~P1.4 的 A0~A3 输出。

（4）利用定时器 B 产生 8 路周期信号,周期分别为 4 s、2 s、1 s、0.5 s、0.25 s、0.125 s、0.062 5 s 和 0.031 25 s,8 路周期信号分别从 P1.0 和 P4.0~P4.6 的 B0~B6 输出。

2. 仿真电路

（1）看门狗定时器应用电路

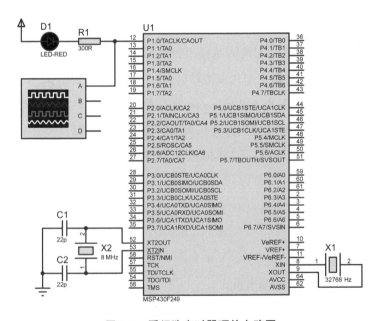

图 4.2　看门狗定时器硬件电路图

XT2 接 8 MHz 晶振,XT2 频率范围为 400 kHz~16 MHz,两个 22 pF 电容,供 MCLK、SMCLK 选用。发光二极管管压降 1.7~2.2 V,电流 5~10 mA,因此限流电阻 R1 取 300 Ω。P1.0 引脚接发光二极管,同时用虚拟示波器观察 P1.0 引脚的电平变化,低频振荡器 LFXT1 采用 32.768 kHz 的晶振获得稳定的 ACLK 时钟源。

（2）定时器 A 应用电路

P1.0 引脚接发光二极管,同时用虚拟示波器观察 P1.0 引脚的电平变化。低频晶振为 32.768 kHz,获得稳定的 ACLK 时钟源。电路图如图 4.3 所示。XT2 接 8 MHz 晶振,两个 22 pF 电容,供 MCLK、SMCLK 选用。

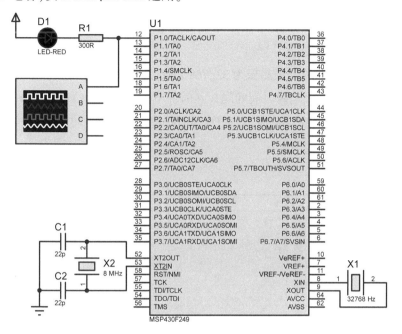

图 4.3　定时器 A 硬件电路图

（3）定时器 A 产生 4 路周期信号应用电路

定时器 A 产生 4 路周期信号硬件电路如图 4.4 所示。

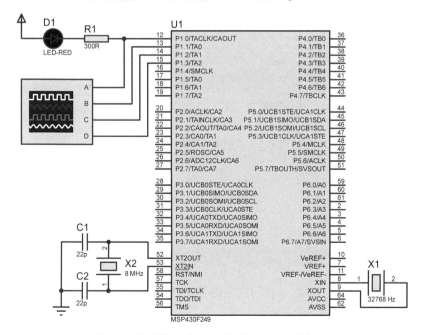

图 4.4　定时器 A 产生 4 路周期信号硬件电路图

用4路虚拟示波器观察 P1.0~P1.3 这4路引脚电平的变化。P1.0 外接电阻 R1 (330 Ω),串联 D1 发光二极管,发光二极管阳极接电源,因此,P1.0 输出低电平时,D1 点亮,P1.0 输出高电平时,D1 熄灭。

XT2 外接 8 MHz 晶振,并与 C1、C2 电容(22 pF)构成主时钟电路,XIN(8 脚)和 XOUT(9 脚)外接 32 768 Hz 晶振,为 MSP430 单片机提供辅助时钟。

(4)定时器 B 应用电路

MSP430F249 单片机的低频晶振为 32.768 kHz,为 ACLK 提供精确时钟,定时器 B 采用 ACLK 作为时钟源,最大定时时间间隔 2 s(时钟不分频)和 128 s(时钟 64 分频)。8 路周期信号分别从 P1.0 和 P2.0~P2.6 的 TB0~TB6 输出,采用两个虚拟示波器观察,硬件电路如图 4.5 所示。

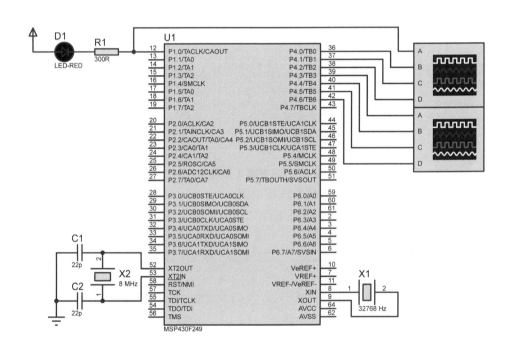

图 4.5　定时器 B 硬件电路图

3. 程序设计

(1)程序 1

```
#include <msp430x24x.h>
void main(void)
{
    WDTCTL=WDT_ADLY_1000;//看门狗定时器时间间隔为 1 s
    IE1|=WDTIE;//允许看门狗中断
    P1DIR|=BIT0;//P1.0 输出
```

```
    P1OUT| =BIT0;

    _EINT( );//开启总中断

    LPM3;//低功耗模式

}

//看门狗中断服务程序

#pragma vector=WDT_VECTOR

_interrupt void watchdog_timer( )

{

    P1OUT^=BIT0;

}
```

（2）程序2

```
#include <msp430x24x. h>

void main( void)

{

    WDTCTL=WDTPW+WDTHOLD;//关闭看门狗

    P1DIR| =0x01;//P1. 1 输出

    CCTL0=CCIE;//CCR0 中断允许

    CCR0=32767;//定时时间间隔 1 s

    TACTL=TASSEL_1+MC_1;//定时器 A 时钟源为 ACLK,增计数模式

    _EINT( );

    LPM0;

}

#pragma vector=TIMERA0_VECTOR

_interrupt void Timer_A( )

{

    P1OUT^=0x01;//P1. 1 取反

}
```

（3）程序3

```
#include <msp430x24x. h>

void main( void)

{

    WDTCTL=WDTPW+WDTHOLD;//关闭看门狗
```

```
P1DIR|=0x0f;//P1.0~P1.3 为输出

P1SEL|=0x0e;//P1.1~P1.3 功能选择

CCTL0=OUTMOD_4+CCIE;//CCR0 翻转,中断允许

CCTL1=OUTMOD_4+CCIE;//CCR1 翻转,中断允许

CCTL2=OUTMOD_4+CCIE;//CCR2 翻转,中断允许

TACTL=TASSEL_1+MC_2+TAIE;//ACLK,连续计数模式,中断允许

_EINT();

LPM0;

}

#pragma vector=TIMERA0_VECTOR

_interrupt void Timer_A0(void)

{

  CCR0+=32768;//周期 2 s

}

#pragma vector=TIMERA1_VECTOR

_interrupt void Timer_A1(void)

{

  switch(TAIV)//TAIV 中断矢量

  {

    case 2:CCR1+=32768/2;break;//周期 1 s

    case 4:CCR2+=32768/8;break;//周期 0.25 s

    case 10:P1OUT^=0x01;break;//周期 4 s 溢出

  }

}
```

(4)程序 4

```
#include <msp430x24x.h>

void main(void)

{

  WDTCTL=WDTPW+WDTHOLD;//关闭看门狗

  P1DIR|=0x01;//P1.0 输出

  P4DIR=0xff;//P4 输出

  P4SEL=0xff;//P4 功能选择
```

```
TBCCTL0 = OUTMOD_4+CCIE;//CCR0 翻转,中断允许
TBCCTL1 = OUTMOD_4+CCIE;//CCR1 翻转,中断允许
TBCCTL2 = OUTMOD_4+CCIE;//CCR2 翻转,中断允许
TBCCTL3 = OUTMOD_4+CCIE;//CCR3 翻转,中断允许
TBCCTL4 = OUTMOD_4+CCIE;//CCR4 翻转,中断允许
TBCCTL5 = OUTMOD_4+CCIE;//CCR5 翻转,中断允许
TBCCTL6 = OUTMOD_4+CCIE;//CCR6 翻转,中断允许
TBCTL = TBSSEL_1+MC_2+TBIE;//ACLK,连续计数模式,中断允许
_EINT();
LPM0;
}
#pragma vector = TIMERB0_VECTOR
_interrupt void Timer_B0(void)
{
TBCCR0+=32768;//周期 2 s
}
#pragma vector = TIMERB1_VECTOR
_interrupt void Timer_B1(void)
{
switch(TBIV)//TBIV 中断矢量
{
case 2:TBCCR1+=32768/2;break;//周期 1 s
case 4:TBCCR2+=32768/4;break;//周期 0.5 s
case 6:TBCCR3+=32768/8;break;//周期 0.25 s
case 8:TBCCR4+=32768/16;break;//周期 0.125 s
case 10:TBCCR5+=32768/32;break;//周期 62.5 ms
case 12:TBCCR6+=32768/64;break;//周期 31.25 ms
case 14:P1OUT^=0x01;break;//周期 4 s,溢出中断
}
}
```

4. 仿真结果与分析

(1)设置仿真参数 MCLK=Default,ACLK=32 768 Hz。运行后可以观察到 LED 亮 1 s

灭 1 s。同时在示波器上观察到高电平 1 s、低电平 1 s 的周期信号。

看门狗定时器的时钟源只有 SMCLK 和 ACLK 两种,4 种分频值。

仿真结果如图 4.6 所示。

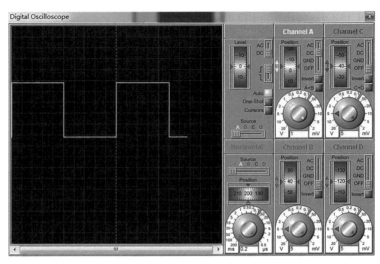

图 4.6　仿真结果图 1

(2)使用定时器前,先设置好控制寄存器 TACTL,时钟源选择、计数模式选择、中断允许和定时时间间隔 CCR0 的值,如图 4.7 所示。仿真时设置参数 MCLK = Default, ACLK = 32 768 Hz。

定时器 A 的时钟源一般选择 SMCLK 和 ACLK。增计数模式,定时器 A 的计数值达到 CCR0,TACCR0_CCIFG 中断标志位建立,CCR0 中断为单源中断,CPU 响应中断,进入定时器 A0 中断服务程序后,自动清除中断标志位 TACCR0_CCIFG。在中断服务程序中,对 P1.0 取反,得到周期 2 s 的信号,其中高电平 1 s,低电平 1 s。

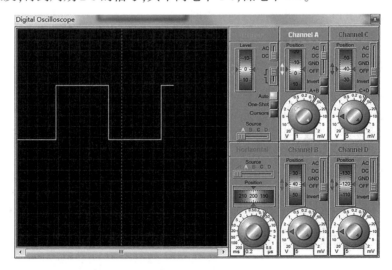

图 4.7　仿真结果图 2

（3）定时器 A 产生 4 路周期信号。

定时器 A 有 3 个捕获/比较寄存器 CCR0、CCR1 和 CCR2。仿真结果如图 4.8 所示。

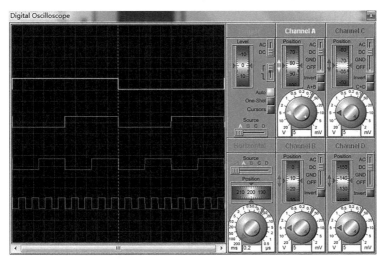

图 4.8 仿真结果图 3

第 1 路信号周期为 4 s,定时器 A 溢出时间间隔为 2 s,在中断程序中对 P1.0 取反。第 2 路信号周期为 2 s,比较寄存器 CCR0 设置值为 32 768,1 s 对 P1.1(TA0)取反一次。第 3 路信号周期为 1 s,比较寄存器 CCR1 设置值为 32 768/2,0.5 s 对 P1.2(TA1)取反一次。第 4 路信号周期为 0.25 s,比较寄存器 CCR2 设置值为 32 768/8,0.125 s 对 P1.3(TA2)取反一次。

（4）仿真结果。

定时器 B 有 7 个捕获/比较寄存器 TBCCR0~TBCCR6。

信号为 8 路,采用两个四通道示波器,进行波形测试。所有的幅值都调到 5 mV。

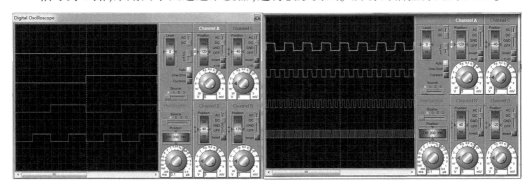

图 4.9 仿真结果 4

（5）运行错误。

Error[e16]：Segment INTVEC (size：0x34 align：0x1) is too long for segment definition. At least 0x14 more bytes needed. The problem occurred while processing the segment placement command "-Z(CODE)INTVEC=FFE0-FFFF", where at the moment of placement the available memory ranges were "CODE：ffe0-ffff"

Reserved ranges relevant to this placement：

ffe0-ffff   INTVEC

Error while running Linker

解决办法：在软件中，把目标器件改为 MSP430F249，输出文件改为".hex"，其他改为 msd-i。

五、思考题

1. 利用看门狗定时器产生设定的时间间隔中断，在中断服务程序中切换 LED，亮 1 s 灭 1 s。看门狗定时器时钟源选用 ACLK 之外的时钟源，得到 1 s 定时时间间隔。

2. 利用定时器 B 产生设定的时间间隔中断，在中断服务程序中切换 LED 亮灭，亮 1 s 灭 1 s。

3. 利用定时器 B 产生占空比 75% 和 25% 的两路 PWM 信号，周期均为 20 ms。

实训五　数码管显示

一、实训目的

1. 学会数码管硬件电路设计。

2. 学会数码管的编程方法。

3. 掌握 74HC573 驱动器的使用方法。

二、实训原理

数码管有 7 段式和 8 段式,8 段式比 7 段式多了一个小圆点,前 7 段完全相同。所谓的 8 段就是指数码管里有 8 个 LED,其中 7 个长条形的发光管,即 a、b、c、d、e、f、g,排列成一个"日"字形,另一个圆点形的 LED,即 h。在显示器的右下角作为显示小数点用,通过控制这 8 个不同的 LED 的亮灭来显示不同的数字、字母及其他符号。

数码管又分为共阴极和共阳极两种类型。共阴极是将 8 个 LED 的阴极连在一起,让其接地,这样当某一个 LED 的阳极为高电平时,LED 便能点亮。共阳极就是将 8 个 LED 的阳极连在一起。如果是共阴极数码管,公共端连接地;如果是共阳极数码管,公共端连电源。

数码管的 8 段,对应一个字节的 8 位,a 对应最低位,h 对应最高位。所以,如果想让数码管显示数字 0,那么共阴极数码管的字符编码为 00111111,即 0x3f。共阳极数码管的字符编码则为 1100000,即 0xc0。数码管的字形 7 段码与十六进制数的对应关系如表 5.1 所示。从表 5.1 可以看出,共阴极与共阳极的字形代码互为补数。

表 5.1　LED 数码管字符字段编码表

显示字符	P1.7	P1.6	P1.5	P1.4	P1.3	P1.2	P1.1	P1.0	共阴极段码	共阳极段码
	h	g	f	e	d	c	b	a		
0	0	0	1	1	1	1	1	1	3FH	C0H
1	0	0	0	0	0	1	1	0	06H	F9H
2	0	1	0	1	1	0	1	1	5BH	A4H

续表

显示字符	P1.7	P1.6	P1.5	P1.4	P1.3	P1.2	P1.1	P1.0	共阴极段码	共阳极段码
	h	g	f	e	d	c	b	a		
3	0	1	0	0	1	1	1	1	4FH	B0H
4	0	1	1	0	0	1	1	0	66H	99H
5	0	1	1	0	1	1	0	1	6DH	92H
6	0	1	1	1	1	1	0	1	7DH	82H
7	0	0	0	0	0	1	1	1	07H	F8H
8	0	1	1	1	1	1	1	1	7FH	80H
9	0	1	1	0	1	1	1	1	6FH	90H
A	0	1	1	1	0	1	1	1	77H	88H
B	0	1	1	1	1	1	0	0	7CH	83H
C	0	0	1	1	1	0	0	1	39H	C6H
D	0	1	0	1	1	1	1	0	5EH	A1H
E	0	1	1	1	1	0	0	1	79H	86H
F	0	1	1	1	0	0	0	1	71H	8EH

三、硬件实训

1.数码管硬件电路

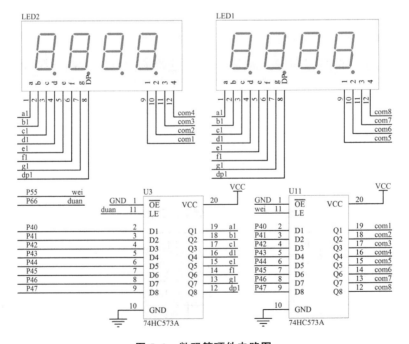

图5.1　数码管硬件电路图

数码管分为共阴极和共阳极两种类型,共阴极是内部8个LED的阴极连在一起,将其接低电平工作;共阳极是内部8个LED的阳极连在一起,将其接到高电平工作。本书采用共阴极数码管,驱动采用74HC573A驱动器。74HC573A的控制信号LE为高电平时,数据直通;LE为低电平时,数据锁存。数码管硬件电路图如图5.1所示。

2.设计要求

(1)在8位数码管上显示8个数字01234567。

(2)在数码管上依次同时显示数字0~9及字母A~F。

3.程序设计

(1)程序1

```
#include <msp430x14x.h>
#define u8 unsigned char
#define wei_h P5OUT|=BIT5
#define wei_l P5OUT&=~BIT5
#define duan_h P6OUT|=BIT6
#define duan_l P6OUT&=~BIT6
u8 sg[16]={0x3f,0x06,0x5b,0x4f,0x66,0x6d,0x7d,0x07,
           0x7f,0x6f,0x77,0x7c,0x39,0x5e,0x79,0x71};
u8 i=0;
void main(void)
{
    WDTCTL=WDT_ADLY_1_9;//看门狗定时器,1.9 ms中断一次
    IE1|=WDTIE;//使能看门狗中断
    P6DIR=0xff;
    P6OUT=0xff;
    P5DIR=0xff;
    P5OUT=0x00;
    P4DIR=0xff;
    P4OUT=0xff;
    _EINT();
    LPM3;
}
#pragma vector=WDT_VECTOR
_interrupt void watchdog_timer(void)
```

```
{
    duan_h;
    P4OUT = sg[i];//段选
    duan_l;
    P4OUT = 0xff;
    wei_h;
    P4OUT = ~(1<<i);//位选
    wei_l;
    P4OUT = 0x00;
    i++;//0~7 之间循环
    if(i==8)
        i=0;
}
```

（2）程序 2

方法 1：

```
#include <msp430x14x.h>
#define u8 unsigned char
#define u16 unsigned int
#define wei_h P5OUT |= BIT5
#define wei_l P5OUT& = ~BIT5
#define duan_h P6OUT |= BIT6
#define duan_l P6OUT& = ~BIT6
u8 sg[16] = {0x3f,0x06,0x5b,0x4f,0x66,0x6d,0x7d,0x07,
            0x7f,0x6f,0x77,0x7c,0x39,0x5e,0x79,0x71};
u8 i = 0;
void delay(u16 z)
{
    u16 y;
    while(z--)
        for(y = 0;y<80;y++);
}
void main(void)
{
    WDTCTL = WDT_ADLY_250;//看门狗定时器,250 ms 中断一次
```

```
    IE1|=WDTIE;//使能看门狗中断
    P6DIR=BIT6;
    P6OUT=BIT6;
    P5DIR=BIT5;
    P5OUT=BIT5;
    P4DIR=0xff;
    P4OUT=0xff;
    _EINT();
    LPM3;
}
#pragma vector=WDT_VECTOR
_interrupt void watchdog_timer(void)
{
    duan_h;
    P4OUT=sg[i];//段选
    duan_l;
    P4OUT=0xff;
    wei_h;
    P4OUT=0x00;//位选
    wei_l;
    P4OUT=0x00;
    delay(500);
    i++;//0~15之间循环
    if(i==16)
        i=0;
}
```

方法2：

```
#include <msp430x14x.h>
#define u8 unsigned char
#define u16 unsigned int
#define wei_h P5OUT|=BIT5
#define wei_l P5OUT&=~BIT5
#define duan_h P6OUT|=BIT6
#define duan_l P6OUT&=~BIT6
```

```
u8 const sg[16] = {0x3f,0x06,0x5b,0x4f,0x66,0x6d,0x7d,0x07,
                   0x7f,0x6f,0x77,0x7c,0x39,0x5e,0x79,0x71};
void delay(u16 z)
{
    u16 y;
    while(z--)
        for(y=0;y<80;y++);
}
void main(void)
{
    u8 i;
    WDTCTL = WDTPW+WDTHOLD;
    P4DIR = 0xff;
    P4OUT = 0xff;
    P5DIR = BIT5;
    P5OUT = BIT5;
    P6DIR = BIT6;
    P6OUT = BIT6;
    while(1)
    {
        for(i=0;i<16;i++)
        {
            duan_h;
            P4OUT = sg[i];
            duan_l;
            wei_h;
            P4OUT = 0x00;
            wei_l;
        delay(500);
        }
    }
}
```

4. 结果与分析

数码管段码数据和位码数据,都是 P4 端口提供,所以采用两片 74HC573 来分别控制段码和位码,利用 74HC573 的 1 脚控制,高电平数据直通,低电平数据锁存持续提供。

四、仿真实训

1.设计要求

（1）使用 MSP430F249 单片机实现单个 8 段共阴极数码管的显示,依次循环显示 0~15 的十六进制数,即"0~F"。

（2）两位数码管显示 00~99,带加减计数功能,利用两个按键分别实现加法和减法功能,每按一次,数字增加或减小 1,当增加到 99 或减小到 0 时不变。

2.仿真电路

（1）一位数码管电路,电路图如 5.2 所示。

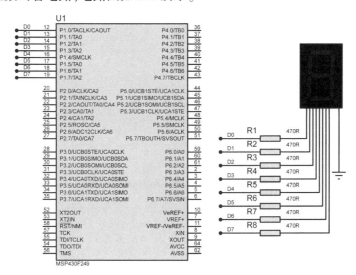

图 5.2　一位数码管电路图

（2）两位数码管电路,电路图如 5.3 所示。

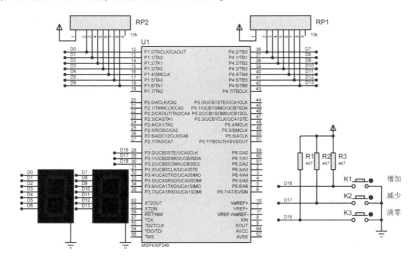

图 5.3　两位数码管电路图

上拉电阻采用排阻(respack-8)的元件,数码管选用 7 段共阴极数码管。

3. 程序设计

(1)程序 1

```
#include <msp430x24x.h>
#define u8 unsigned char
#define u16 unsigned int
u8 const sg[ ] = {0x3f,0x06,0x5b,0x4f,0x66,0x6d,0x7d,0x07,
              0x7f,0x6f,0x77,0x7c,0x39,0x5e,0x79,0x71};
void delay(u16 z)
{
  u16 y;
  while(z--)
    for(y=0;y<80;y++);
}
void main(void)
{
  u8 i;
  WDTCTL = WDTPW+WDTHOLD;
  P1DIR = 0xff;
  P1OUT = 0x00;
  while(1)
  {
    for(i=0;i<16;i++)
    {
      P1OUT = sg[i];
      delay(500);
    }
  }
}
```

(2)程序 2

```
#include <msp430x24x.h>
#define u8 unsigned char
#define u16 unsigned int
u8 const sg[ ] = {0x3f,0x06,0x5b,0x4f,0x66,0x6d,0x7d,0x07,
              0x7f,0x6f,0x77,0x7c,0x39,0x5e,0x79,0x71};
```

```
u8 cnt=0;
void delay(u16 z)
{
    u16 y;
    while(z--)
        for(y=0;y<80;y++);
}
u8 getkey(void)
{
    u8 temp;
    u8 key=0x00;
    if((P3IN&0x07)!=0x07)
    {
        delay(20);
        if((P3IN&0x07)==0x07)
            return 0x00;
        temp=P3IN&0x07;
        if(temp==0x06)
            key=0x01;
        if(temp==0x05)
            key=0x02;
        if(temp==0x03)
            key=0x03;
    }
    return key;
}
void process_key(u8 k)
{
    if(k==1)
    {
        cnt++;
        if(cnt>99)
            cnt=99;
    }
    if(k==2)
```

```
    {
      if( cnt>0)
        cnt--;
    }
    if( k= =3)
      cnt=0;
}
void main( void)
{
    u8 i;
    u8 disp_buf[2];
    WDTCTL=WDTPW+WDTHOLD;
    P1DIR=0xff;P1OUT=0x00;
    P4DIR=0xff;P4OUT=0x00;
    while( 1)
    {
      i=getkey( );
      if( i! =0x00)
      {
        process_key( i);
        disp_buf[1]=cnt/10;
        disp_buf[0]=cnt%10;
        if( cnt<10)
          P1OUT=0x00;
        else
          P1OUT=sg[ disp_buf[1]];
        P4OUT=sg[ disp_buf[0]];
      }
    }
}
```

4. 仿真结果与分析

一位数码管仿真和两位数码管仿真采用共阴极数码管,实际应用时选共阳极数码管,因为 MSP430 的电平驱动能力强于高电平驱动电流。单片机选 MSP430F249,数码管选 7SEG-MPX1-CC 共阴极数码管,电阻选 MINRES470R。P1.0 引脚接共阴极数码管的a 段,P1.1 引脚接数码管的 b 段,依次类推。限制每个端口的输出电流在 5 mA 以内,此处限流电阻取 470 Ω。

五、思考题

1. 使用共阴极数码管,依次循环显示 0~15 的十六进制数,即"0~F"。

2. 实现控制数码管,从 0 开始,每次加 1,一直增至 59 后归 0 重新开始。

3. 实现控制数码管,从 23 开始,每次减 1,一直减至 0 重新开始。

4. 利用数码管设计时钟,格式为"12-59-55"。

5. 利用仿真实现四位一体数码管,从 0 开始,每次加 1,一直增至 9 999 后归 0 重新开始。

6. 利用仿真实现两个四位一体数码管,使用 16 个 I/O 驱动,驱动采用 74HC573 驱动器。

7. 利用仿真实现两个四位一体数码管,使用 8 个 I/O 驱动,驱动采用 74HC573 驱动器。

实训六　独立按键的应用

一、实训目的

1. 了解独立按键硬件电路设计方法。

2. 掌握按键消抖及松手检测方法。

3. 学会独立按键的程序设计方法。

二、实训原理

电路用于通过外加力使按键按下接通开关的场合,如在单片机的复位电路中,通过按键产生一个低电压或下降沿,CPU 会检测到这个低电压后重启。

由于按键的闭合与断开都是利用其机械弹性实现的,当机械触点断开、闭合时,会产生抖动,这种抖动操作是感觉不到的,但对 CPU 来说,其输出波形会明显发生变化,如图6.1 所示。

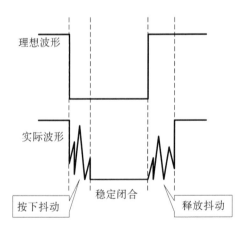

图 6.1　理想和实际按键波形图

按键闭合和断开时的抖动时间一般为 10 ms 左右,按键的稳定闭合期由操作人员的按键动作决定,一般为几百毫秒至二十几秒,而单片机 CPU 的处理速度在微秒级。因此,按键的一次闭合,有可能导致 CPU 的多次响应。为了避免这种错误操作,必须对按键电路进行消抖处理。常用的消抖方法有硬件方式和软件方式两种。

硬件消抖,需要在按键连接的硬件电路设计上增加消抖电路,如按键输出信号经过 R-S 触发器或 RC 积分电路后再送入单片机,就可以保证按一次键只发出一个脉冲。

软件消抖的基本原理是在软件中采用时间延迟,对按键进行两次测试确认,即在第一次检测到按键闭合后,间隔 10 ms 左右,再次检测该按键是否闭合,只有在两次都检测到按键闭合时才最终确认有按键按下,这样就可以避开抖动时间段,消除抖动影响。

三、硬件实训

1. 硬件电路

独立按键电路图如图 6.2 所示。

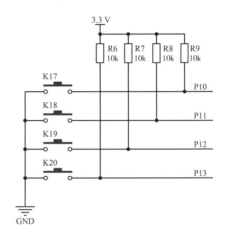

图 6.2　独立按键电路图

2. 设计要求

(1)按键 K17、K18 控制 LED1、LED2 的显示。

(2)用扫描方式读取 4 个独立按键的键值,同时将按键的键值在数码管上显示出来, 8 位数码管显示相同内容。

(3)利用 P2 端口控制 8 个 LED,P1 端口三个按键 K1～K3,当 K1 闭合时,LED1 和 LED5 闪烁,闪烁时间 100 ms。当 K2 闭合时,LED2 和 LED6 闪烁,闪烁时间 200 ms。当 K3 闭合时,LED1～LED8 循环流动,间隔时间 100 ms。

3. 程序设计

(1)程序 1

```
#include <msp430x14x. h>
#define keyin (P1IN&0x03)
#define u8 unsigned char
#define u16 unsigned int
```

```
void delay(u16 z)
{
    u16 y;
    while(z--)
        for(y=0;y<80;y++);
}
void main(void)
{
    u8 temp;
    WDTCTL=WDTPW+WDTHOLD;//关闭看门狗
    P1DIR=0xfc;//设置 P1.0、P1.1 为输入
    P2DIR=0xff;
    P2OUT=0xff;
    while(1)
    {
        if(keyin!=0x03)//检测按键是否按下！
        {
            delay(10);//延时消抖
            if(keyin!=0x03)//检测按键是否按下！
            {
                temp=keyin;
                while(keyin!=0x03);//等待按键被放开
                switch(temp)//转换键值
                {
                    case 0x02:P2OUT=0xfe;break;
                    case 0x01:P2OUT=0xfd;break;
                    default:P2OUT=0xff;break;
                }
            }
        }
    }
}
```

（2）程序2

```
#include <msp430x14x.h>
#define u8 unsigned char
```

```
#define u16 unsigned int
#define wei_h P5OUT|=BIT5
#define wei_l P5OUT&=~BIT5
#define duan_h P6OUT|=BIT6
#define duan_l P6OUT&=~BIT6
#define keyin (P1IN&0x0f)
u8 sg[16]={0x3f,0x06,0x5b,0x4f,0x66,0x6d,0x7d,0x07,
           0x7f,0x6f,0x77,0x7c,0x39,0x5e,0x79,0x71};
void delay(u16 z)
{
  u16 y;
  while(z--)
    for(y=0;y<80;y++);
}
void main(void)
{
  u8 temp,key=0;
  WDTCTL=WDTPW+WDTHOLD;//关闭看门狗
  P2DIR|=0xff;
  P2OUT|=0xff;
  P4DIR=0xff;
  P5DIR|=BIT5;
  P5OUT|=BIT5;
  P6DIR|=BIT6;
  P6OUT|=BIT6;
  P4OUT=sg[key];
  duan_h;
  duan_l;
  P4OUT=0x00;
  wei_h;
  wei_l;
  while(1)
  {
    if(keyin!=0x0f)//检测是否有按键按下
```

```
    {
        delay(10);//延时消抖
        if(keyin!=0x0f)//再次检测按键
        {
            temp=keyin;
            //while(keyin!=0x0f);//等待按键被放开
            switch(temp)//转换键值
            {
                case 0x0e:key=1;break;
                case 0x0d:key=2;break;
                case 0x0b:key=3;break;
                case 0x07:key=4;break;
                default:key=0;break;
            }
            P4OUT=sg[key];
            duan_h;
            duan_l;
            P4OUT=0x00;
            wei_h;
            wei_l;
        }
    }
}
```

（3）程序3

```
#include <msp430x14x.h>
#define u8 unsigned char
#define u16 unsigned int
void delay(u16 z)
{
    u16 y;
    while(z--)
        for(y=0;y<80;y++);
}
void main(void)
```

```
{
  u16 led=0x01;
  WDTCTL=WDTPW+WDTHOLD;//关闭看门狗
  P2DIR|=0xff;//P2 输出
  P2OUT=0xff;//P2 输出高电平
  while(1)
  {
    if((P1IN&0x07)==0x06)//检测 K17 是否闭合
    {
      P2OUT^=(BIT0+BIT4);//LED1、LED5 闪烁
      delay(1000);//延时 100 ms
    }
    else if((P1IN&0x07)==0x05)
    {
      P2OUT^=(BIT1+BIT5);//LED2、LED6 闪烁
      delay(2000);
    }
    else if((P1IN&0x07)==0x03)
    {
      P2OUT=~led;//LED 依次点亮
      delay(1000);
      led+=led;
      if(led==0x100)//从 0x010...0x80
        led=0x01;
    }
    else if((P1IN&0x07)==0x07)
      P2OUT=0xff;//无按键闭合,关闭全部 LED
  }
}
```

4. 结果与分析

此程序是按住按键一直执行,松手后,停止运行。由于机械结构,按键在按下过程中要进行消抖。消抖有硬件消抖和软件消抖,本例采用软件延时消抖和松手检测。

四、仿真实训

1. 设计要求

单片机端口连接三个按键,从 1~3 进行编号。如果其中一个按键闭合时,则在 LED

数码管上显示相应的按键编号。

2. 仿真电路

选取 MSP430F249 单片机的 P1 端口连接数码管显示按键编号, P3 端口的 P3.0、
P3.1、P3.2 端口分别和三个按键连接。仿真电路如图 6.3 所示。

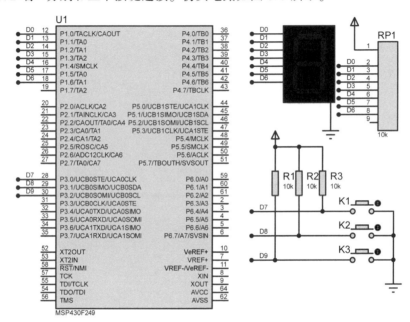

图 6.3　仿真电路图

P3.0、P3.1、P3.2 作为输入端口, 分别与 K1、K2、K3 三个按键连接。当按键断开时,
I/O 端口的输入为高电平。当按键闭合时, I/O 端口的输入为低电平。此引脚上接了上
拉电阻, 为了保证按键断开时逻辑电平为高。

3. 程序设计

```
#include <msp430x24x.h>
#define u8 unsigned char
#define u16 unsigned int
u8 const sg[ ]={0x3f,0x06,0x5b,0x4f,0x66,0x6d,0x7d,0x07,
          0x7f,0x6f,0x77,0x7c,0x39,0x5e,0x79,0x71};
void delay(u16 z)
{
  u16 y;
  while(z--)
    for(y=0;y<80;y++);
}
u8 readkey(void)
```

```
{
    u8 temp;
    temp=P3IN&0x07;
    if(temp!=0x07)
    {
        delay(10);
        if(temp==(P3IN&0x07))
        {
            return temp;
        }
        else
            return 0xff;
    }
    else
        return 0xff;
}
void main(void)
{
    u8 key;
    WDTCTL=WDTPW+WDTHOLD;
    P1DIR=0xff;
    P1OUT=0x00;
    P3DIR=0x00;
    while(1)
    {
        key=readkey();
        switch(key)
        {
            case 0x06:P1OUT=sg[1];break;
            case 0x05:P1OUT=sg[2];break;
            case 0x03:P1OUT=sg[3];break;
        }
    }
}
```

4.仿真结果与分析

当按键闭合时,P3 端口的低三位将不全为高电平。在按键检测函数中,当判断 P3 端口的低三位不全为 1,即 0x07 时,则认为有按键闭合,然后延迟 10 ms,再次判断 P3 端口的低三位。如果低三位依旧不全为 1,可以确定是否有按键按下,并获取键值后显示在数码管上。

五、思考题

1.利用 P2 端口控制 8 个发光二极管 LED1～LED8,发光二极管根据 P2 端口接入的开关 K1～K2 完成不同的显示花样变换。当 K1 闭合时,LED1 和 LED2 点亮,延迟 0.1 s 之后,LED2 和 LED3 点亮,最后是 LED7 和 LED8 点亮,然后重新开始。当 K2 闭合时,LED1～LED4 点亮,延迟 0.1 s 后 LED5～LED8 点亮,随后 LED1、LED2 和 LED5、LED6 点亮,延迟 0.1 s 后 LED3、LED4 和 LED7、LED8 逐次点亮,然后重新开始。

2.实现两位数码管显示 00～99,带加减计数功能,利用两个按键分别实现加法和减法功能,每按一次,数字增加或减小 1,当增加到 99 或减小到 0 时不变。

3.利用独立按键和数码管设计篮球计分器,K17 按键按下加 1 分,K18 按键按下加 2 分,K19 按键按下加 3 分,K20 按键按下减 1 分。

实训七　矩阵式键盘的应用

一、实训目的

1. 了解矩阵式键盘的硬件电路设计方法。
2. 掌握矩阵式键盘的扫描方法。
3. 学会矩阵式键盘的程序设计方法。

二、实训原理

独立键盘与单片机连接时,每一个按键开关占用一个 I/O 端口线,若单片机系统中需要较多按键,独立按键会占用过多的 I/O 端口资源。此时,为了节省 I/O 端口线,采用矩阵式键盘,也称为行列式键盘。

矩阵式键盘上哪个键闭合通常采用行扫描法,又称为逐行(或列)扫描查询法,其软件主要基于扫描方式完成。下面以 4×4 矩阵式键盘为例讲解其工作原理和检测方法。将 16 个按键排成 4 行 4 列,将第一行每个按键的一端连接在一起构成行线,将第一列每个按键的另一端连接在一起构成列线,这样便有 4 行 4 列共 8 根线。将这 8 根线连接到单片机的 8 个 I/O 端口上,即可通过程序扫描键盘检测到哪个键闭合。当检测到有键闭合后,延长一段时间再做下一步的检测判断。

三、硬件实训

1. 硬件电路

矩阵式键盘的电路如图 7.1 所示。

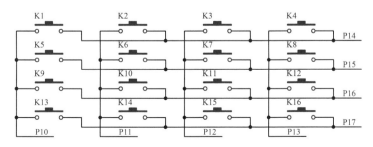

图 7.1　矩阵式键盘电路

逐行扫描方式是在4条行线上分别输出"0"信号。第一次,在P3.0上输出低电平,其他的行线(P3.1、P3.2、P3.3)上输出高电平。第二次,在P3.1上输出低电平,其他的行线(P3.0、P3.2、P3.3)上输出高电平。第三次,在P3.2上输出低电平,其他的行线(P3.0、P3.1、P3.3)上输出高电平。第四次,在P3.3上输出低电平,其他的行线(P3.0、P3.1、P3.2)上输出高电平。当某一行线上输出低电平时,如果此行上有键被按下,那么相应键的列线上就会读取到"0",于是可以唯一地确定是哪一个键闭合了。

2. 设计要求

(1)编程实现扫描4×4矩阵式键盘,并将键值在数码管最左侧两位上显示(1～16)。

(2)编程实现扫描4×4矩阵式键盘,并将键值在数码管最左侧最后两位上显示(1～16),按键同时蜂鸣器响,LED显示对应二进制数。

3. 程序设计

(1)程序1

```c
#include <msp430x14x.h>
#define u8 unsigned char
#define u16 unsigned int
#define wei_h P5OUT|=BIT5
#define wei_l P5OUT&=~BIT5
#define duan_h P6OUT|=BIT6
#define duan_l P6OUT&=~BIT6
u8 sg[16]={0x3f,0x06,0x5b,0x4f,0x66,0x6d,0x7d,0x07,
          0x7f,0x6f,0x77,0x7c,0x39,0x5e,0x79,0x71};
u8 key_map[]={1,2,3,4,5,6,7,8,9,10,11,12,13,14,15,16};
u8 cnt=0;
u8 dispbuf[2];
u8 key_pressed=0;
u8 key=0;
u8 key_flag=0;
void delay(u16 z)
{
    u16 y;
    while(z--)
    for(y=0;y<80;y++);
}
```

```
void check_key(void)
{
    u8 row,col,i,j;
    i=0x80;
    for(row=0;row<4;row++)//行
    {
        P1OUT=0xf0;
        P1OUT-=i;
        i>>=1;
        if((P1IN&0x0f)<0x0f)
        {
            j=0x01;
            for(col=0;col<4;col++)//列
            {
                if((P1IN&j)==0x00)
                {
                    key=key_map[row*4+col];
                    return;//返回
                }
                j<<=1;
            }
        }
    }
}
void key_event(void)
{
    u8 temp;
    P1OUT&=0x00;
    temp=P1IN;
    if((key_pressed==0x00)&&((temp&0x0f)<0x0f))
```

```
    {
        key_pressed = 1;
        delay(10);
        check_key();
    }
    else if((key_pressed = = 1)&&((temp&0x0f) = = 0x0f))
    {
        key_pressed = 0;
        key_flag = 1;
    }
    else
    {
        _NOP();
    }
}
void main(void)
{
    P1DIR = 0xf0;P1OUT| = 0xf0;
    P2DIR = 0xff;P2OUT = 0xff;
    P4DIR = 0xff;P4OUT = 0xff;
    P5DIR = 0xff;P5OUT = 0xff;
    P6DIR = 0xff;P6OUT = 0xff;
    WDTCTL = WDT_ADLY_1_9;//看门狗定时器,1.9 ms 中断一次
    IE1| = WDTIE;//使能看门狗中断
    _EINT();//打开全局中断
    while(1)
    {
        key_event();
        if(key_flag = = 1)
        {
            key_flag = 0;
            dispbuf[0] = key/10;
            dispbuf[1] = key%10;
```

```
        }
    }
}
#pragma vector=WDT_VECTOR
_interrupt void WDT_timer(void)
{
    duan_h;
    P4OUT=sg[dispbuf[cnt]];//段选
    duan_l;
    P4OUT=0xff;
    wei_h;
    P4OUT=~(1<<(cnt));//位选
    wei_l;
    cnt++;
    if(cnt==2)
        cnt=0;
}
```

（2）程序2

```
#include <msp430x14x.h>
#define u8 unsigned char
#define u16 unsigned int
#define wei_h P5OUT|=BIT5
#define wei_l P5OUT&=~BIT5;
#define duan_h P6OUT|=BIT6;
#define duan_l P6OUT&=~BIT6;
u8 sg[16]={0x3f,0x06,0x5b,0x4f,0x66,0x6d,0x7d,0x07,
           0x7f,0x6f,0x77,0x7c,0x39,0x5e,0x79,0x71};
u8 key_map[]={1,2,3,4,5,6,7,8,9,10,11,12,13,14,15,16};
u8 cnt=0;
u8 dispbuf[2];
u8 key_pressed=0;
u8 key=0;
```

```
u8 key_flag=0;
void delay(u16 z)
{
    u16 y;
    while(z--)
        for(y=0;y<80;y++);
}
void check_key(void)
{
    u8 row,col,i,j;
    i=0x80;
    for(row=0;row<4;row++)//行
    {
        P1OUT=0xf0;
        P1OUT-=i;
        i>>=1;
        if((P1IN&0x0f)<0x0f)
        {
            j=0x01;
            for(col=0;col<4;col++)//列
            {
                if((P1IN&j)==0x00)
                {
                    key=key_map[row*4+col];
                    return;//返回
                }
                j<<=1;
            }
        }
    }
}
void key_event(void)
```

```
{
    u8 temp;
    P1OUT& = 0x00;
    temp = P1IN;
    if((key_pressed == 0x00)&&((temp&0x0f)<0x0f))
    {
        key_pressed = 1;
        delay(10);
        check_key();
    }
    else if((key_pressed == 1)&&((temp&0x0f) == 0x0f))
    {
        key_pressed = 0;
        key_flag = 1;
    }
    else
    {
        _NOP();
    }
}
void main(void)
{
    P1DIR = 0xf0;P1OUT| = 0xf0;
    P2DIR = 0xff;P2OUT = 0xff;
    P4DIR = 0xff;P4OUT = 0xff;
    P5DIR = 0xff;P5OUT = 0xff;
    P6DIR = 0xff;P6OUT = 0xff;
    WDTCTL = WDT_ADLY_1_9;//看门狗定时器,1.9 ms 中断一次
    IE1| = WDTIE;//使能看门狗中断
    _EINT();//打开全局中断
    while(1)
```

```
        {
          key_event();
          if(key_flag==1)
          {
            key_flag=0;
            dispbuf[0]=key/10;
            dispbuf[1]=key%10;
            P2OUT=~(key);//数码管显示键值
            P6OUT&=~BIT7;//蜂鸣器响一声
            delay(200);
            P6OUT|=BIT7;//关蜂鸣器
          }
      }
}
#pragma vector=WDT_VECTOR
_interrupt void watchdog_timer(void)
{
    duan_h;
    P4OUT=sg[dispbuf[cnt]];//段选
    duan_l;
    P4OUT=0xff;
    wei_h;
    P4OUT=~(1<<(cnt));//位选
    wei_l;
    cnt++;
    if(cnt==2)
      cnt=0;
}
```

4. 结果与分析

矩阵式键盘的识别,是利用行(或列)送低电平,依次扫描列(或行),从交叉点读出按键是否被按下,然后进行数据处理。

四、仿真实训

1.设计要求

将 4×4 矩阵式键盘编号,如果其中一个按键闭合,则在 LED 数码管上显示相应的按键编号。

2.仿真电路

选取 MSP430F249 单片机的 P1 端口连接数码管,P3 端口的 8 个引脚分别与矩阵式键盘的行线和列线连接。仿真电路如图 7.2 所示。

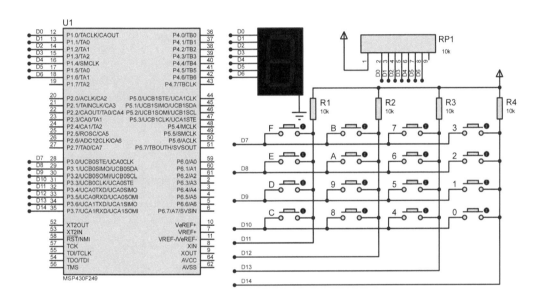

图 7.2　仿真电路图

如图 7.2 所示,列线 P3.4～P3.7 通过上拉电阻连接电源,处于输入状态。行线 P3.0～P3.3 为输出状态。键盘上没有按键闭合时,列线 P3.4～P3.7 的输入全部为高电平。当键盘上某个按键闭合时,则对应的行线和列线短接。如 0 号键闭合时,行线 P3.3 和列线 P3.7 短接,此时 P3.3 输入电平由 P3.7 的输出电平决定。

在检测是否有键闭合时,先使 4 条行线全部输出低电平,然后读取 4 条列线的状态。如果全部为高电平,则表示没有任何键闭合。如果有任一键闭合,而且列线是上拉至 VCC 的,则行线上读到的将是一个非全"1"的值。

3.程序设计

```
#include <msp430x24x. h>
#define u8 unsigned char
```

```
#define u16 unsigned int
u8 const sg[ ] = {0x3f,0x06,0x5b,0x4f,0x66,0x6d,0x7d,0x07,
                  0x7f,0x6f,0x77,0x7c,0x39,0x5e,0x79,0x71};
void delay(u16 z)
{
  u16 y;
  while(z--)
    for(y=0;y<80;y++);
}
u8 keyscan(void)
{
  u8 i,j,temp;
  P3OUT=0x00;
  if(((P3IN&0xf0)!=0xf0)
  {
    delay(10);
    if(((P3IN&0xf0)!=0xf0)
    {
      i=0xfe;
      while((i&0x0f)!=0x0f)
      {
        P3OUT=i;
        if(((P3IN&0xf0)!=0xf0)
        {
          j=(P3IN&0xf0)|0x0f;
          temp=(i&j);
          return temp;
        }
        else
          i=(i<<1)|0x01;
      }
```

```
        }
      return 0xff;

    }

  return 0xff;

}

u8 getkey(u8 k)

{

  u8 key;

  switch(k)

  {

    case 0x77:key=0;break;
    case 0x7b:key=1;break;
    case 0x7d:key=2;break;
    case 0x7e:key=3;break;

    case 0xb7:key=4;break;
    case 0xbb:key=5;break;
    case 0xbd:key=6;break;
    case 0xbe:key=7;break;

    case 0xd7:key=8;break;
    case 0xdb:key=9;break;
    case 0xdd:key=10;break;
    case 0xde:key=11;break;

    case 0xe7:key=12;break;
    case 0xeb:key=13;break;
    case 0xed:key=14;break;
    case 0xee:key=15;break;

    default:key=255;

  }

  return key;
```

```
    }
void main(void)
{
    u8 m;
    WDTCTL=WDTPW+WDTHOLD;//关闭看门狗
    P1DIR=0xff;
    P1OUT=0x00;
    P3DIR=0x0f;
    while(1)
    {
        m=getkey(keyscan());
        if(m!=255)
            P1OUT=sg[m];
    }
}
```

4. 仿真结果与分析

主程序通过调用键盘扫描程序获取键值,并通过数码管显示出键盘编号。键盘扫描首先通过读取列线输入,如果不是全为1,则延迟10 ms后再次判断列线是否全为1。如果依旧不是全为1,可以确定是稳定的按键动作。通过逐行扫描的方式得到按键的位置。

五、思考题

1. 扫描4×4矩阵式键盘,并将键值在数码管最后一位上显示0~F。

2. 利用矩阵式键盘设计,按一个按键蜂鸣器发出一个声音或音乐。

实训八 液晶显示器的应用

一、实训目的

1. 了解液晶显示器硬件电路设计方法。

2. 学会液晶显示器寄存器操作方法。

3. 掌握液晶显示器的程序设计方法。

二、实训原理

1. LCD1602 简介

LCD1602 字符型显示器模块是 2 行×16 个字符的 LCD。该器件由 32 个字符点阵块组成,可以显示 ASCII 码表中的所有可显示字符。LCD1602 接口说明如表 8.1 所示。

表 8.1 LCD1602 接口说明

引脚	符号	说明	引脚	符号	说明
1	VSS	电源地	9	D2	数据
2	VDD	电源正极	10	D3	数据
3	VL	液晶显示偏压信号	11	D4	数据
4	RS	数据/命令选择端(H/L)	12	D5	数据
5	R/W	读/写选择端(H/L)	13	D6	数据
6	E	使能信号	14	D7	数据
7	D0	数据	15	BLA	背光源正极
8	D1	数据	16	BLK	背光源负极

2. LCD1602 寄存器的选择和指令表

(1)基本操作时序

①读状态。输入:RS=0,R/W=1,E=1;输出:D0—D7=状态字。

②写指令。输入:RS=0,R/W=0,D0—D7=指令码,E=高脉冲;输出:无。

③读数据。输入:RS=1,R/W=1,E=1;输出:D0-D7=数据。

④写数据。输入:RS=1,R/W=0,D0-D7=数据,E=高脉冲;输出:无。

(2)LCD1602 指令表

LCD1602 指令表如表8.2所示。

表 8.2　LCD1602 指令表

序号	指令	RS	R/W	D7	D6	D5	D4	D3	D2	D1	D0
1	清显示	0	0	0	0	0	0	0	0	0	1
2	光标复位	0	0	0	0	0	0	0	0	1	X
3	输入模式设置	0	0	0	0	0	0	0	1	I/D	S
4	显示开/关控制	0	0	0	0	0	0	1	D	C	B
5	光标或字符移位	0	0	0	0	0	1	S/C	R/L	X	X
6	功能设置	0	0	0	0	1	DL	N	F	X	X
7	设置字符发生存储器（CGRAM）地址	0	0	0	1	CGRAM 地址					
8	设置显示数据存储器（DDRAM）地址	0	0	1	DDRAM 地址						
9	读忙标志或地址	0	1	BF	地址计数器的值(AC)						
10	写数到 CGRAM 或 DDRAM	1	0	要写的数据							
11	从 CGRAM 或 DDRAM 读数	1	1	读出的数据							

3. LCD1602 指令详细说明

(1)清显示

指令码0x01,即将 DDRAM 的内容全部填入"空白"的 ASCII 20H,光标回到液晶显示器的左上方,把地址计数器(AC)设置为00H。

(2)光标复位

指令码0x02 或0x03,保持 DDRAM 的内容不变,将光标撤回到液晶显示器的左上方,把地址计数器设置为00H。

(3)输入模式设置

设定每次写入1位数据后光标的移位方向,并且设定每次写入的1个字符是否移动。模式参数设置如表8.3所示。

表 8.3　模式参数设置

I/D	S	说明
0	0	光标左移一格且地址计数器值减 1
0	1	液晶显示器字符全部右移一格,但光标不动

续表

I/D	S	说明
1	0	光标右移一格且地址计数器值加 1
1	1	液晶显示器字符全部左移一格,但光标不动

（4）显示开/关设置

D:控制整体显示的开与关,D＝0 关显示,D＝1 开显示。

C:控制光标的有无,C＝0 无光标,C＝1 有光标。

B:控制光标是否闪烁,B＝0 不闪烁,B＝1 闪烁。

（5）光标或字符移位

使光标移位或使整个显示屏幕移位。光标或字符移位如表 8.4 所示。

表 8.4　光标或字符移位设置

S/C	R/L	说明
0	0	光标左移 1 格,且地址计数器值减 1
0	1	光标右移 1 格,且地址计数器值加 1
1	0	液晶显示器上字符全部左移一格,但光标不动
1	1	液晶显示器上字符全部右移一格,但光标不动

（6）功能设置

设定数据总线位数、显示的行数及字型。

DL:DL＝0 为 8 位总线,DL＝1 为 4 位总线。

N:N＝0 为单行显示,N＝1 为双行显示。

F:F＝0 显示 5×7 的点阵字符,F＝1 显示 5×10 的点阵字符。

（7）设置 CGRAM 地址

设定下一个要存入数据的 CGRAM 的地址。指令码 0x40＋“地址”,0x40 是设定 CGRAM 地址命令,“地址”是指要设置 CGRAM 的地址。

（8）设置 DDRAM 地址

设定下一个要存入数据的 DDRAM 的地址。指令码 0x80＋“地址”,0x80 是设定 DDRAM 地址的命令,“地址”是指要写入的 DDRAM 地址。

（9）读忙标志或地址

读忙信号 BF 的内容。BF＝1 表示忙,此时模块不能接收命令或者数据;BF＝0 表示不忙,可读取地址计数器的内容。

4. LCD1602 内部显示地址

LCD1602 内部有一个字符发生器（CGROM）,它存储了 192 个不同的点阵字符图形。另外还有几个允许用户自定义的字符发生存储器（CGRAM）。除此之外,还有一个 DDRAM,用于存放待显示内容,LCD 控制器的指令系统规定,在送待显示字符代码的指

令之前,先要送 DDRAM 的地址。LCD1602 内部缓冲区地址与显示位置关系表如表 8.5
所示。

表 8.5　LCD1602 内部缓冲区地址与显示位置关系表

00	01	02	03	04	05	06	07	08	09	0A	0B	0C	0D	0E	0F
40	41	42	43	44	45	46	47	48	49	4A	4B	4C	4D	4E	4F

5. LCD1602 初始化过程

(1)延时 15 ms,写指令 38H,不检测忙信号。

(2)延时 5 ms,写指令 38H,不检测忙信号。

(3)延时 5 ms,写指令 38H,不检测忙信号。

(4)以后每次写指令、读/写数据操作之前均应检测忙信号。

(5)写指令 38H,显示模式设置。

(6)写指令 08H,显示关闭。

(7)写指令 01H,显示清屏。

(8)写指令 06H,显示光标移动设置。

(9)写指令 0cH,显示开及光标设置。

6. LCD12864 简介

LCD12864 是一种图形点阵液晶显示器,它主要由行驱动器/列驱动器及 128×64 全
点阵液晶显示器组成,可完成图形显示,也可以显示 8×4(16×16)个点阵汉字,与外部
CPU 接口可采用串行或并行方式控制。

三、硬件实训

1. LCD1602 硬件电路

LCD1602 液晶显示器电路如图 8.1 所示。

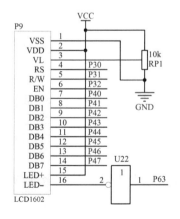

图 8.1　LCD1602 液晶显示器电路

2. 设计要求

（1）利用 LCD1602 液晶显示器，编程实现显示"welcome"，然后开始向左移动，再向右移动。

（2）在 LCD1602 液晶显示器上显示用定时器 A 模拟的数字式实时时钟。

（3）在 LCD12864 液晶显示器上显示汉字。

3. 程序设计

（1）程序 1

```
#include <msp430x14x.h>
#define u8 unsigned char
#define u16 unsigned int
#define busy 0x80
#define l_rs P3OUT&=~BIT0;
#define h_rs P3OUT|=BIT0;
#define l_rw P3OUT&=~BIT1;
#define h_rw P3OUT|=BIT1;
#define l_en P3OUT&=~BIT2;
#define h_en P3OUT|=BIT2;
void *s1="welcome!";
void delay(u16 z)
{
  u16 y;
  while(z--)
    for(y=0;y<80;y++);
}
void wait_en(void)
{
  P4DIR&=0x00;//P4 输入
  l_rs;
  h_rw;
  _NOP();
  h_en;
  _NOP();
  _NOP();
```

```
     while((P4IN&busy)!=0);//检测忙标志
     l_en;
     P4DIR|=0xff;//将P4端口切换为输出状态
}
void write_com(u8 com,u8 chk)
{
   if(chk)
      wait_en();//检测忙信号
   l_rs;
   l_rw;
   _NOP();
   P4OUT=com;//将命令字写入数据端口
   _NOP();
   h_en;//产生使能脉冲信号
   _NOP();
   _NOP();
   l_en;
}
void write_dat(u8 dat)
{
   wait_en();//检测忙信号
   h_rs;
   l_rw;
   _NOP();
   P4OUT=dat;
   _NOP();
   h_en;//产生使能脉冲信号
   _NOP();
   _NOP();
   l_en;
}
void init_lcd(void)
{
   P3DIR|=0x07;
```

```
    P4DIR = 0xff;
    write_com(0x38,0);
    delay(500);
    write_com(0x38,0);
    delay(500);
    write_com(0x38,0);
    delay(500);
    write_com(0x38,1);
    write_com(0x08,1);
    write_com(0x01,1);
    write_com(0x06,1);
    write_com(0x0c,1);
}
void locatexy(u8 x,u8 y)
{
    u8 temp;
    temp = x&0x0f;
    y& = 0x01;
    if(y)
        temp| = 0x40;
    temp| = 0x80;
    write_com(temp,1);
}
void disp1char(u8 x,u8 y,u8 data)
{
    locatexy(x,y);
    write_dat(data);
}
void dispstr(u8 x,u8 y,u8 * ptr)
{
    u8 * temp;
    u8 i,n = 0;
    temp = ptr;
    while( * ptr++! = '\0')
```

```
    n++;//计算字符串有效字符的个数
  for(i=0;i<n;i++)
  {
    disp1char(x++,y,temp[i]);
    if(x==0x0f)
    {
      x=0;
      y^=1;
    }
  }
}
void dispnchar(u8 x,u8 y,u8 n,u8 * ptr)
{
  u8 i;
  for(i=0;i<n;i++)
  {
    disp1char(x++,y,ptr[i]);
    if(x==0x0f)
    {
      x=0;
      y^=1;
    }
  }
}
void main(void)
{
  u8 i;
  P6DIR|=0xff;
  P6OUT|=0xff;//关闭电平转换,开启液晶显示器背光灯
  WDTCTL=WDT_ADLY_250;//间隔定时器,定时 16 ms
  init_lcd();
  dispstr(4,0,s1);
  locatexy(0,9);
  write_com(0x07,1);
```

```
for(i=12;i>0;i--)
{
    write_dat(0x20);
    IFG1&=~WDTIFG;
    while(!(IFG1&WDTIFG));
    IFG1&=~WDTIFG;
}
while(1)
{
    write_com(0x05,1);
    for(i=24;i>0;i--)
    {
        write_dat(0x20);
        IFG1&=~WDTIFG;
        while(!(IFG1&WDTIFG));
        IFG1&=~WDTIFG;
    }
    write_com(0x07,1);
    for(i=24;i>0;i--)
    {
        write_dat(0x20);
        IFG1&=~WDTIFG;
        while(!(IFG1&WDTIFG));
        IFG1&=~WDTIFG;
    }
}
}
```

（2）定时器 A 实时时钟

①主程序

```
#include <msp430x14x.h>
#include "clock.c"
#include "lcd1602.h"
#define u8 unsigned char
#define u16 unsigned int
```

```
u8 hint[] = {"   Beijing Time   "};
u8 sec,min,hour,hour0;
u8 phour,pmin,psec;
#define settime(h,m,s)  {sec=s;min=m;hour=h;hour0=h;}
void main(void)
{
  P6DIR|=0xff;
  P6OUT|=0xff;
  WDTCTL=WDTPW+WDTHOLD;
  CCR0=32768-1;//定时器 A 的中断时间为 1 s
  TACTL=TASSEL_1+MC_1;//计数时钟 ACLK,增计数模式
  CCTL0|=CCIE;//使能 CCR0 比较器中断
  _EINT();//打开全局中断
  settime(23,59,55);//时、分、秒,格式:BCD 码
  init_lcd();
  dispnchar(0,0,15,hint);//显示提示文字
  disp1char(6,1,':');//显示字符:
  disp1char(9,1,':');
  while(1)
  {
    LPM3;
    display();
  }
}
#pragma vector=TIMERA0_VECTOR
_interrupt void TimerA0_ISR(void)
{
  clock();
  LPM3_EXIT;
}
```

②lcd1602.c

```
#include <msp430x14x.h>
#define u8 unsigned char
#define u16 unsigned int
```

```
#define busy 0x80

#define l_rs P3OUT& = ~BIT0;

#define h_rs P3OUT| = BIT0;

#define l_rw P3OUT& = ~BIT1;

#define h_rw P3OUT| = BIT1;

#define l_en P3OUT& = ~BIT2;

#define h_en P3OUT| = BIT2;

void delay( u16 z)
{
    u16 y;
    while( z--)
        for( y=0;y<80;y++);
}

void wait_en( void)
{
    P4DIR& = 0x00;//P4 输入
    l_rs;
    h_rw;
    _NOP( );
    h_en;
    _NOP( );
    _NOP( );
    while( ( P4IN&busy)! = 0);//检测忙标志
    l_en;
    P4DIR| = 0xff;//将 P4 端口切换为输出状态
}

void write_com( u8 com,u8 chk)
{
    if( chk)
    wait_en( );//检测忙信号
    l_rs;
    l_rw;
    _NOP( );
    P4OUT = com;//将命令字写入数据端口
```

```
    _NOP();
    h_en;//产生使能脉冲信号
    _NOP();
    _NOP();
    l_en;
}
void write_dat(u8 dat)
{
    wait_en();//检测忙信号
    h_rs;
    l_rw;
    _NOP();
    P4OUT=dat;
    _NOP();
    h_en;//产生使能脉冲信号
    _NOP();
    _NOP();
    l_en;
}
void init_lcd(void)
{
    P3DIR|=0x07;
    P4DIR=0xff;
    write_com(0x38,0);
    delay(500);
    write_com(0x38,0);
    delay(500);
    write_com(0x38,0);
    delay(500);
    write_com(0x38,1);
    write_com(0x08,1);
    write_com(0x01,1);
    write_com(0x06,1);
    write_com(0x0c,1);
}
```

```
void locatexy(u8 x,u8 y)
{
    u8 temp;
    temp=x&0x0f;
    y&=0x01;
    if(y)
        temp|=0x40;
    temp|=0x80;
    write_com(temp,1);
}
void disp1char(u8 x,u8 y,u8 data)
{
    locatexy(x,y);
    write_dat(data);
}
void dispstr(u8 x,u8 y,u8 *ptr)
{
    u8 *temp;
    u8 i,n=0;
    temp=ptr;
    while(*ptr++!='\0')
        n++;//计算字符串有效字符的个数
    for(i=0;i<n;i++)
    {
        disp1char(x++,y,temp[i]);
        if(x==0x0f)
        {
            x=0;
            y^=1;
        }
    }
}
void dispnchar(u8 x,u8 y,u8 n,u8 *ptr)
```

```
{
    u8 i;
    for(i=0;i<n;i++)
    {
        displchar(x++,y,ptr[i]);
        if(x==0x0f)
        {
            x=0;
            y^=1;
        }
    }
}
```

③lcd1602. h

```
#ifndef _LCD1602_H_
#define _LCD1602_H_
#define u8 unsigned char
#define u16 unsigned int
void delay(u16 z);
void wait_en(void);
void write_com(u8 com,u8 chk);
void write_dat(u8 dat);
void init_lcd(void);
void locatexy(u8 x,u8 y);
void displchar(u8 x,u8 y,u8 data);
void dispstr(u8 x,u8 y,u8 *ptr);
void dispnchar(u8 x,u8 y,u8 n,u8 *ptr);
#endif
```

④clock. c

```
#include "lcd1602. c"
#define u8 unsigned char
#define u16 unsigned int
u8 sec,min,hour,hour0;
u8 pmin,phour,psec;
void clock(void)
```

```
    {
        sec+=1;
        if(sec==60)
        {
            sec=0;
            min+=1;
            if(min==60)
            {
                min=0;
                hour+=1;
                hour0+=1;
                if(hour==24)
                    hour=0;
            }
        }
    }
void display(void)
{
    u8 s0,s1;
    u8 m0,m1;
    u8 h0,h1;
    s1=sec/10;//十位
    s0=sec-(s1*10);//个位
    s1+=48;//加上48等于其对应的ASCII码值
    s0+=48;
    disp1char(11,1,s0);
    if(psec!=s1)
    {
        psec=s1;
        disp1char(10,1,s1);
    }
    if(pmin!=min)
    {
        pmin=min;
```

```
            m1 = min/10;

            m0 = min-(m1 * 10);

            m1+ = 48;

            m0+ = 48;

            disp1char(7,1,m1);

            disp1char(8,1,m0);

        }

    if( phour! = hour)

        {

            phour = hour;

            h1 = hour/10;

            h0 = hour-(h1 * 10);

            h1+ = 48;

            h0+ = 48;

            disp1char(4,1,h1);

            disp1char(5,1,h0);

        }

}
```

⑤clock.h

```
//#ifndef _CLOCK_H_
//#define _CLOCK_H_
//void clock(void);
//void display(void);
//#endif
```

(3)12864液晶显示器显示汉字

①主程序

```
#include <msp430x14x.h>
#include "lcd12864.c"
#define u8 unsigned char
const u8 hang1[] = {"古人学问无遗力,"};
const u8 hang2[] = {"少壮工夫老始成。"};
const u8 hang3[] = {"纸上得来终觉浅,"};
const u8 hang4[] = {"觉知此事要躬行。"};
void main(void)
```

```
{
    WDTCTL = WDTPW + WDTHOLD;
    P6DIR = BIT3;
    P6OUT = BIT3;
    init_lcd();
    display(0x80,hang1,8);
    display(0x90,hang2,8);
    display(0x88,hang3,8);
    display(0x98,hang4,8);
    LPM4;
}
```

②lcd12864. c

```
#include <msp430x14x. h>
#define u8 unsigned char
#define u16 unsigned int
#define h_rs P3OUT| = BIT0
#define l_rs P3OUT& = ~BIT0
#define h_rw P3OUT| = BIT1
#define l_rw P3OUT& = ~BIT1
#define h_en P3OUT| = BIT2
#define l_en P3OUT& = ~BIT2
void delay(u16 z)
{
    u16 y;
    while(z--)
        for(y=0;y<80;y++);
}
void write_com(u8 com)
{
    u8 temp = 0;
    l_rs;
    h_rw;
    P4DIR = 0x00;
    do//判忙
```

```
    {
        h_en;
        _NOP();
        temp = P4IN;
        l_en;
    }
    while(temp&0x80);
    P4DIR = 0xff;
    l_rw;
    P4OUT = com;
    h_en;
    _NOP();
    l_en;
}
void write_dat(u8 dat)
{
    u8 temp = 0;
    l_rs;
    h_rw;
    P4DIR = 0x00;
    do//判忙
    {
        h_en;
        _NOP();
        temp = P4IN;
        l_en;
    }
    while(temp&0x80);
    P4DIR = 0xff;
    h_rs;
    l_rw;
    P4OUT = dat;
    h_en;
    _NOP();
    l_en;
}
```

```
void init_lcd(void)
{
    P3DIR |= 0x07;//液晶控制端口设置为输出
    delay(500);
    write_com(0x30);//基本指令集
    delay(1);
    write_com(0x02);//地址归位
    delay(1);
    write_com(0x0c);
    delay(1);
    write_com(0x01);//清除显示
    delay(1);
    write_com(0x06);//游标右移
    delay(1);
    write_com(0x80);//设定显示的起始地址
}
void display(u8 addr,const u8 *pt,u8 num)
{
    u8 i;
    write_com(addr);
    for(i = 0;i <(num * 2);i++)
        write_dat(*(pt++));
}
```

③lcd12864. h

可省略,不影响运行结果。

4. 结果与分析

(1)在主程序里添加 lcd1602. c 文件,不添加 lcd1602. h 文件。

Error[Pe247]:function "write_dat" has already been defined (at line 44)

Error[Pe247]:function "init_lcd" has already been defined (at line 57)

Error[Pe247]:function "locatexy" has already been defined (at line 73)

Error[Pe247]:function "disp1char" has already been defined (at line 83)

Error[Pe247]:function "dispstr" has already been defined (at line 88)

Error[Pe247]:function "dispnchar" has already been defined (at line 105)

（2）在主程序里添加 clock.h 文件，不添加 clock.c 文件。

Error[e46]：Undefined external "init_lcd" referred in main

Error[e46]：Undefined external "dispnchar" referred in main

Error[e46]：Undefined external "disp1char" referred in main

Error[e46]：Undefined external "display" referred in main

（3）主程序添加 clock.c 和 lcd1602.h，编译无错误。

（4）lcd1602.h 必须写，clock.h 可不用写。注意，软件只写".c"文件即可运行。

（5）LCD12864 显示古诗，lcd12864.h 头文件不可不添加。

四、仿真实训

1.设计要求

利用 MSP430F249 单片机驱动 LCD1602，使其显示两行字符，第一行显示"I like mcu"，第二行显示"I can;I do"。

2.仿真电路

单片机搜索 MSP430F249，LCD1602 搜索 LM016L，排阻搜索 respack-8。在仿真电路中，液晶显示器 LM016L 电源、地线、亮暗调整端都不用接，电源引脚未引出，不用连接。制作实际电路板时，必须接电源电路。

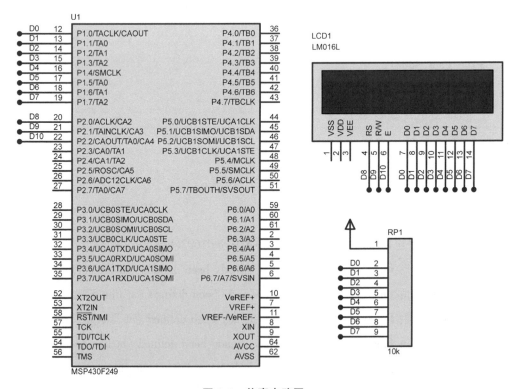

图 8.2 仿真电路图

3.程序设计

```c
#include "msp430x24x.h"
#define u8 unsigned char
#define u16 unsigned int
const u8 tab1[]="I like mcu";
const u8 tab2[]="I can ; I do ";
#define h_rs P2OUT|=BIT0
#define l_rs P2OUT&=~BIT0
#define h_rw P2OUT|=BIT1
#define l_rw P2OUT&=~BIT1
#define h_en P2OUT|=BIT2
#define l_en P2OUT&=~BIT2
void delay(u16 z)
{
    u16 y;
    while(z--)
        for(y=0;y<80;y++);
}
void write_com(u8 com)//写命令
{
    l_rs;
    l_rw;
    P1OUT=com;
    h_en;
    delay(20);
    l_en;
}
void write_dat(u8 dat)//写数据
{
    h_rs;
    l_rw;
    P1OUT=dat;
    h_en;
    delay(20);
```

```
    l_en;
}
void main(void)
{
    u8 i;
    WDTCTL=WDTPW+WDTHOLD;
    P1DIR=0xff;
    P2DIR=BIT0+BIT1+BIT2;
    l_en;
    write_com(0x38);//设置16×2显示8位数据接口
    delay(10);
    write_com(0x01);//显示清屏
    delay(10);
    write_com(0x0c);//显示开关,光标设置
    delay(10);
    write_com(0x06);//显示开关,光标设置
    delay(10);
    write_com(0x80);//数据指针设置,第一行显示
    delay(10);
    for(i=0;i<10;i++)
        write_dat(tab1[i]);
    write_com(0x80+0x40);
    delay(10);
    for(i=0;i<12;i++)
        write_dat(tab2[i]);
    while(1);
}
```

4. 仿真结果与分析

将目标程序下载到单片机中,单击运行按钮后,液晶显示器第一行显示"I like mcu",
第二行显示"I can;I do"。

注意:在程序调试过程中,主程序中的延时函数delay(x)的参数x不能小于8,写命
令和写数据函数内的延时函数delay(x)的参数x不能小于15,该实训结果可能在其他版
本软件不适用,请读者自行实验分析。

五、思考题

1. 利用 MSP430F149 单片机驱动 LCD1602,使其显示两行字符,第一行显示"I like mcu",第二行显示"I can;I do"。

2. 利用 LCD1602 液晶显示器编程实现静态显示各种字符。

3. 利用 LCD1602 设计时钟,扩展可设计万年历。

4. 利用 LCD12864 设计显示字符。

实训九　串行通信

一、实训目的

1. 掌握 MSP430F149/249 串行通信模式。

2. 掌握 MSP430F149/249 串行通信寄存器。

3. 学会 MSP430F149/249 串行通信编程方法。

二、实训原理

MSP430F149 有两个 USART 通信端口,且两个端口性能完全一样,每个通信端口可通过 RS232、RS485 等芯片转换,与之相应的串行通信接口电路通信。MSP430F149 支持串口异步通信和串口同步通信,每种方式都具有独立的帧格式和独立的控制寄存器。

1. 串口异步通信

(1)在异步模式下,接收器自身实现帧的同步,外部的通信设备并不使用这一时钟。波特率的产生是在本地完成的。异步帧格式由 1 个起始位、7 或 8 个数据位、奇偶校验位、1 个地址位和 1 或 2 个停止位组成。一般最小帧为 9 位,最大为 13 位。

(2)波特率发生器。

MSP430 的波特率发生器是根据波特率选择寄存器(UBR)和调整寄存器(UM)产生的串行数据位。

$$波特率 = 模块时钟频率/分频因子 = 模块时钟频率(UBR+UM/8)$$

波特率指每秒传送的位。分频因子是指在特定的波特率下,每传送一位数据所需要的时钟周期,用 N 表示。

(3)UBR 和 UM 装载数据的确定。

UBR 是一个 16 位寄存器,它分两个 8 位寄存器(UBR00 和 UBR10)来设定,使用时是按字节操作的。

如,波特率=2 400,模块时钟频率=32.768 kHz,其分频因子为 13.65。

2. 中断控制位

（1）USART0

表 9.1　USART0 **异步方式中断控制位**

特殊功能寄存器	接收中断控制位	发送中断控制位
IFG1	接收中断标志 URXIFG0	发送中断标志 UTXIFG0
IE1	接收中断使能 URXIE0	发送中断使能 UTXIE0
ME1	接收允许 URXE0	发送允许 UTXE0

（2）USART1

表 9.2　USART1 **异步方式中断控制位**

特殊功能寄存器	接收中断控制位	发送中断控制位
IFG2	接收中断标志 URXIFG1	发送中断标志 UTXIFG1
IE2	接收中断使能 URXIE1	发送中断使能 UTXIE1
ME2	接收允许 URXE1	发送允许 UTXE1

USART 模块结构图如图 9.1 所示。

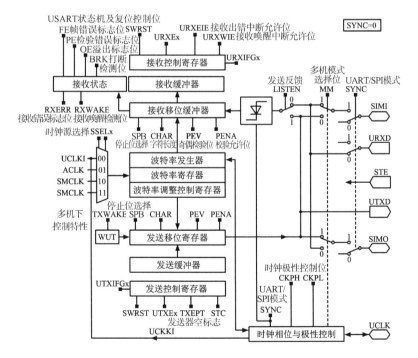

图 9.1　USART 模块结构图

3. MSP430F149 寄存器

（1）USART0 的寄存器

USART0 的寄存器如表 9.3 所示。

表9.3　USART0的寄存器

寄存器	缩写	读写类型	地址	初始状态
控制寄存器	U0CTL	读/写	070H	PUC后001H
发送控制寄存器	U0TCTL	读/写	071H	PUC后001H
接收控制寄存器	U0RCTL	读/写	072H	PUC后000H
波特率调整控制寄存器	U0MCTL	读/写	073H	不变
波特率控制寄存器0	U0BR0	读/写	074H	不变
波特率控制寄存器1	U0BR1	读/写	075H	不变
接收缓冲器	U0RXBUF	读	076H	不变
发送缓冲器	U0TXBUF	读/写	077H	不变
SFR模块使能寄存器1	ME1	读/写	004H	PUC后000H
SFR中断使能寄存器1	IE1	读/写	000H	PUC后000H
SFR模块标志寄存器1	IFG1	读/写	002H	PUC后082H

（2）USART1的寄存器

USART1的寄存器如表9.4所示。

表9.4　USART1的寄存器

寄存器	缩写	读写类型	地址	初始状态
控制寄存器	U1CTL	读/写	078H	PUC后001H
发送控制寄存器	U1TCTL	读/写	079H	PUC后001H
接收控制寄存器	U1RCTL	读/写	07AH	PUC后000H
波特率调整控制寄存器	U1MCTL	读/写	07BH	不变
波特率控制寄存器0	U1BR0	读/写	07CH	不变
波特率控制寄存器1	U1BR1	读/写	07DH	不变
接收缓冲器	U1RXBUF	读	07EH	不变
发送缓冲器	U1TXBUF	读/写	07FH	不变
SFR模块使能寄存器2	ME2	读/写	005H	PUC后000H
SFR中断使能寄存器2	IE2	读/写	001H	PUC后000H
SFR模块标志寄存器2	IFG2	读/写	003H	PUC后020H

（3）控制寄存器（UxCTL）

UxCTL的各位定义如表9.5所示。

表9.5　UxCTL

7	6	5	4	3	2	1	0
PENA	PEV	SPB	CHAR	LISTEN	SYNC	MM	SWRST

PENA:校验允许位。0 校验禁止,1 校验允许。

校验允许时,发送端发送校验,接收端接收该校验。在地址位多机模式中,地址位包含校验操作。

PEV:奇偶校验位,该位在校验允许时有效。0 奇校验,1 偶校验。

SPB:停止位选择。决定发送的停止位的位数,但接收时接收器只检测 1 位停止位。0 时 1 位停止位,1 时 2 位停止位。

CHAR:字符长度。0 时 7 位,1 时 8 位。

LISTEN:反馈选择,选择是否将发送数据由内部反馈给接收器。0 时无反馈,1 时有反馈,发送信号由内部反馈给接收器。

SYNC:USART 模块的模式选择。0 时 UART 模式为异步,1 时 SPI 模式为同步。

MM:多机模式选择位。0 时线路空闲多机协议,1 时地址位多机协议。

SWRST:控制位。上电时,该位置位 SWRST=1,此时 USART 状态机和运行标志初始化成复位状态(URXIFG=0,URXIE=0,UTXIE=0,UTXIFG=1)。所有受影响的逻辑保持在复位状态,直至 SWRST 复位。也就是说一次系统复位后,只有对 SWRST 复位,USART才能重新被允许。

而接收和发送允许标志 URXE 和 UTXE 不会因 SWRST 而更改。SWRST 位会使URXIE、UTXIE、URXIFG、RXWAKE、TXWAKE、RXERR、BRK、PE、OE 及 FE 等复位。

在串行通信接口使用设置时,这一位起重要的作用。一次正确的 USART 模块初始化应该是这样设置的:先在 SWRST=1 时设置,设置完串行通信接口后再设置 SWRST=0;最后如需要中断,则设置相应的中断使能。

(4)发送控制寄存器(UxTCTL)

UxTCTL 的各位定义如表 9.6 所示。

表 9.6　UxTCTL

7	6	5	4	3	2	1	0
未用	CKPL	SSEL1	SSEL0	URXSE	TXWAKE	未用	TXEPT

CKPL:时钟极性控制位。0 时 UCLKI 信号与 UCLK 信号极性相同,1 时 UCLKI 信号与 UCLK 信号极性相反。

SSEL1、SSEL0:时钟源选择,确定波特率发生器的时钟源。0 时外部时钟 UCLKI,1 时辅助时钟 ACLK,2 时子系统时钟 SMCLK,3 时子系统时钟 SMCLK。

URXSE:接收触发沿控制位。0 时没有接收触发沿检测,1 时有接收触发沿检测。

TXWAKE:传输唤醒控制。0 时下一个要传输的字符为数据,1 时下一个要传输的字符是地址。

TXEPT:发送器空标志,在异步模式与同步模式时是不一样的。0 时正在传输数据或者发送缓冲器(UTXBUF)有数据。1 表示发送移位寄存器和 UTXBUF 空或者 SWRST=1。

（5）接收控制寄存器（URCTL）

URCTL 的各位定义如表 9.7 所示。

表 9.7　URCTL

7	6	5	4	3	2	1	0
FE	PE	OE	BRK	URXEIE	URXWIE	RXWAKE	RXERR

FE：帧错误标志位。0 没有帧错误，1 帧错误。

PE：校验错误标志位。0 校验正确，1 校验错误。

OE：溢出标志位。0 无溢出，1 有溢出。

BRK：打断检测位。0 没有被打断，1 被打断。

URXEIE：接收出错中断允许位。0 不允许中断，不接收出错字符并且不改变 URXIFG 标志位。1 允许中断，出错字符接收并且能够置位 URXIFG。

URXWIE：接收唤醒中断允许位，当接收到地址字符时，该位能够置位 URXIFG；当 URXEIE＝0，如果接收内容有错误，该位不能置位 URXIFG。

0 时所有接收的字符都能够置位 URXIFG，1 时只有接收到地址字符才能置位 URXIFG。

在各种条件下，URXEIE 和 URXWIE 对 URXIFG 的影响如表 9.8 所示。

表 9.8　对 URXIFG 影响表

URXEIE	URXWIE	字符出错	地址字符	接收字符后的 URXIFG 标志位
0	X	1	X	不变
0	0	0	X	置位
0	1	0	0	不变
0	1	0	1	置位
1	0	X	X	置位（接收所有字符）
1	1	X	0	不变
1	1	X	1	置位

RXWAKE：接收唤醒检测位。在地址位多机模式，接收字符地址位置位时，该机被唤醒；在线路空闲多机模式，在接收到字符前检测到 URXD 线路空闲时，该机被唤起，RXWAKE 置位。当为 0 时，没有被唤醒，接收到的字符是数据。当为 1 时，被唤醒，接收的字符是地址。

RXERR：接收错误标志位。0 时没有接收到错误，1 时有接收到错误。

UxBR0、UxBR1 为波特率选择寄存器。

（6）UxBR0

各位定义如表 9.9 所示。

表 9.9 波特率选择寄存器 0

7	6	5	4	3	2	1	0
2^7	2^6	2^5	2^4	2^3	2^2	2^1	2^0

（7）UxBR1

各位定义如表 9.10 所示。

表 9.10 波特率选择寄存器 1

7	6	5	4	3	2	1	0
2^{15}	2^{14}	2^{13}	2^{12}	2^{11}	2^{10}	2^9	2^8

（8）UxMCTL

各位定义如表 9.11 所示。

表 9.11 波特率调整控制寄存器

7	6	5	4	3	2	1	0
M7	M6	M5	M4	M3	M2	M1	M0

若波特率发生器的输入频率 BRCLK 不是所需波特率的整数倍，带有一小数，则整数部分写 UBR 寄存器，小数部分由调整寄存器 UxMCTL 的内容反映。波特率由以下公式计算：

波特率＝BRCLK/[UBR+(M7+M6+…+M0)/8]

（9）URXBUF 接收数据缓存

接收缓存存放移位寄存器最后接收的字符，可由用户访问。读接收缓存可以复位接收时产生的各种错误标志、RXWAKE 位和 URXIFGx 位。如果传输 7 位数据，接收缓存内容右对齐，最高位为 0。当收接和控制条件为真时，接收缓存装入当前接收到的字符。当接收和控制条件为真时，接收缓存装入当前接收到的字符，如表 9.12 所示。

表 9.12 当接收和控制条件为真时，接收数据缓存结果

条件		结果			
URXEIE	URXWIE	装入 URXBUF	PE	FE	BRK
0	1	无差错地址字符	0	0	0
1	1	所有地址字符	X	X	X
0	0	无差错字符	0	0	0
1	0	所有字符	X	X	X

（10）UTXBUF 发送数据缓存

发送缓存内容可以传至发送移位寄存器，然后由 UTXDx 传输。对发送缓存进行写操作可以复位 UTXIFGx。如果传输 7 位数据，发送缓存内容的最高位为 0。

MSP430F249 有 4 个 USCI 模块，其中 USCI_Ax 结构支持 UART 模式、IrDA 通信（红外连接技术）、LIN 通信（低成本的串行通信网络）的自动波特率检测和 SPI 模式；USCI_

Bx 结构支持 12C 模式和 SPI 模式。MSP430F249 的串行通信模式可以通过软件设置来完成。当 USCIAx 控制寄存器 UCAxCTL0 的 UCSYNC 位为 0 时,工作在 UART 模式。

4. MSP430F249 寄存器

(1)UCAxCTL0 控制寄存器各位定义如表 9.13 所示。

表 9.13　UCAxCTL0 控制寄存器

7	6	5	4	3	2	1	0
UCPEN	UCPAR	UCMSB	UC7BIT	UCSPB	UCMODEx	UCSYNC	—

UCPEN:校验使能位。

UCPAR:奇偶校验位。

UCMSB:最高位优先,0 时选地位,1 时选高位。

UC7BIT:数据位数,0 时为 8 位,1 时为 7 位。

UCSPB:停止位,0 时是 1 位,1 时是 2 位。

UCMODEx:当 x＝0 时,UCMODE0 为 USCI 模式 0;当 x＝1 时,UCMODE1 为 USCI 模式 1。

UCSYNC:模式选择,0 时 UART 模式,1 时 SPI 模式。

(2)UCAxCTL1 控制寄存器各位定义如表 9.14 所示。

表 9.14　UCAxCTL1 控制寄存器

7	6	5	4	3	2	1	0
UCSELx	UCXEIE	UCBRKIE	UCDORM	UCTXADDR	UCTXBPK	UCSWRST	—

UCSELx:当 x＝0 时,UCSEL0 为 USCI 时钟源选择 0。当 x＝1 时,UCSEL1 为 USCI 时钟源选择 1。

UCXEIE:接收出错中断使能。

UCBRKIE:接收终止中断使能。

UCDORM:波特率自动检测休眠模式。

UCTXADDR:下一帧传送地址。

UCTXBRK:下一帧传送终止。

UCSWRST:USCI 软件复位使能。

(3)UART 工作模式的模块。

波特率控制串行通信数据接收和发送的速度,接收串行输入的数据,发送串行输出的数据。

(4)UART 模式的初始化和复位。

由 UCAxCTL0 和 UCAxCTL1 两个控制寄存器控制。

①UCSWRST 置位。

②UCSWRST＝1 时初始化所有的 USCI 寄存器,包含 UCAxCTL1。

③端口配置。

④UCSWRST 复位。

⑤通过设置 UCRXIE 或 UCTXIE 寄存器启动中断。

（5）字符格式。

UART 的字符格式包括 1 位起始位、7 或 8 位数据位、1 位可有可无的奇偶校验位、1 位地址位（地址位模式）和 1 或 2 位停止位，如图 9.2 所示。UART 的字符格式主要由 USCI_Ax 控制寄存器 UCAxCTL0 控制。传输时先传输数据的最高位还是最低位，由 UCMSB 位控制，UART 通信时默认的是 LSB 作为第一位。USCI_Ax 控制寄存器 0 的 UC7BIT 位控制 7 位或 8 位数据位。

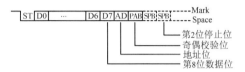

图 9.2　UART 模式的字符格式

三、硬件实训

1. 串口通信硬件电路

串口通信电路图如图 9.3 所示。

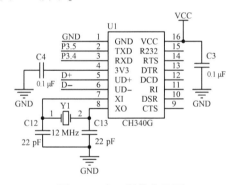

图 9.3　串口通信电路图

2. 设计要求

（1）MSP430 向计算机发送数据，在计算机串口助手内显示 0～127 对应的 ASCII 字符。

（2）利用串口接收来自计算机串口助手的字符，然后重新发送给计算机串口助手。通信格式为无校验，8 位数据位，1 位停止位，波特率 9 600。

3. 程序设计

（1）程序 1

```
#include <msp430x14x. h>
```

```c
#define u8 unsigned char
#define u16 unsigned int
u8 value = 0;
void delay(u16 z)
{
    u16 y;
    while(z--)
        for(y = 0; y < 80; y++);
}
void main(void)
{
    WDTCTL = WDTPW + WDTHOLD;
    P3SEL |= 0x30;//选择 P3.4、P3.5 为 UART 收发端口
    ME1 |= UTXE0 + URXE0;//使能 USART0 收发
    UCTL0 |= CHAR;//8 位字符
    UTCTL0 |= SSEL0;//UCLK = ACLK
    UBR00 = 0x03;//波特率 9 600
    UBR10 = 0x00;
    UMCTL0 = 0x6B;
    UCTL0 &= ~SWRST;//初始化 UART0 状态机
    IE1 |= URXIE0;//使能 USART0 接收中断
    _EINT();
    while(1)
    {
        while(!(IFG1&UTXIFG0));
        TXBUF0 = value++;
        value &= 0x7f;//保证 value 的数值小于128
        while(!(IFG1&UTXIFG0));
        TXBUF0 = '\n';
        delay(500);
    }
}
```

(2)程序 2

```c
#include <msp430x14x.h>
```

```
void main(void)
{
    WDTCTL=WDTPW+WDTHOLD;//关闭看门狗
    P3SEL|=0x30;//选择 P3.4 和 P3.5 为 UART 通信端口
    ME1|=UTXE0+URXE0;//使能 USART0 的发送和接收
    UCTL0|=CHAR;//选择 8 位字符
    UTCTL0|=SSEL0;//UCLK=ACLK
    UBR00=0x03;//波特率9 600
    UBR10=0x00;
    UMCTL0=0x4A;
    UCTL0&=~SWRST;//初始化 UART0 状态机
    IE1|=URXIE0;//使能 USART0 接收中断
    while(1)
    {
        _EINT();//打开全局中断
        LPM1;//进入 LPM1 模式
        while(!(IFG1&UTXIFG0));//等待以前的字符发送完毕
        TXBUF0=RXBUF0;//将收到的字符发送出去
    }
}
#pragma vector=UART0RX_VECTOR
_interrupt void UART0RX_ISR(void)
{
    LPM1_EXIT;
}
```

4. 结果与分析

(1)输出 ASCII 码。

①WDTCTL=WDTPW+WDTHOLD 为关闭看门狗。

②P3SEL|=0x30 是选择 P3.4、P3.5 为 UART 收发端口。

③ME1|=UTXE0+URXE0 是使能 USART0 收发。

其中,ME1 发送中断控制位,接收允许 UTXE0;接收中断控制位,接收允许 URXE0。

使用 USB 转 TTL 下载器,实现数据传输。5 V 接到 VCC,RXD 接 P3.4,TXD 接 P3.5,GND 接 GND。波特率9 600,数据位 8 位,停止位 1 位。打开串口观察计算机串口助手输出。

（2）串口发送数据到单片机,然后返回计算机串口助手。

四、仿真实训

1.设计要求

在 USCI_A0 模式下利用 UART0 接口收发信息,要求利用低频模式产生波特率 9 600,UART0 将收到的信息进行及时转发。

2.仿真电路

将 P3.4(UART 的发送端)和 P3.5(UART 的接收端)管脚接到虚拟终端,观测发送和接收的数据。低频振荡器 LFXT1 采用 32.768 kHz 的晶振,获得 ACLK 时钟源。仿真电路如图 9.4 所示。

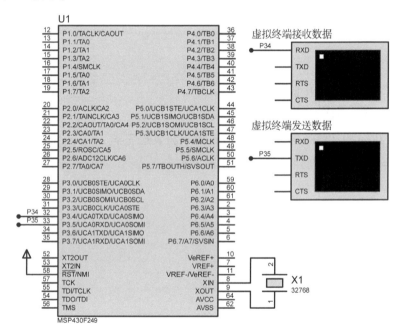

图 9.4　仿真电路图

3.程序设计

```
#include "msp430x24x. h"
void main( void)
{
    WDTCTL = WDTPW+WDTHOLD;
    P3SEL = 0x30;//P3.4/P3.5 是 USCI_A0 的 TXD/RXD
    UCA0CTL1 | = UCSSEL0+UCSWRST;//CLK = ACLK,软件复位
    UCA0BR0 = 0x03;//32 kHz/9 600 = 3.33
```

UCA0BR1 = 0x00;

UCA0MCTL = UCBRS1 + UCBRS0;//UCBRSx = 0.41×8 = 3.28,取整

UCA0CTL1 & = ~ UCSWRST;//USCI 正常工作模式

IE2 | = UCA0RXIE;//开启 UART 的读取中断

_EINT();

LPM3;

}

#pragma vector = USCIAB0RX_VECTOR

_interrupt void USCIA0RX_ISR(void)

{

UCA0TXBUF = UCA0RXBUF;//将接收到的信息发送出去

}

4. 仿真结果与分析

双击 MSP430F249 单片机,加载可执行文件 Debug\lesson151.hex,设置仿真参数 MCLK = Default,ACLK = 32 768 Hz。如果未设定,则仿真无结果或结果不对。运行后可以在发送数据虚拟终端用键盘输入字符,可在接收数据虚拟终端收到一样的信息。

UART 的时钟源有三种,分别是外部时钟 UCAxCLK、ACLK 和 SMCLK。其波特率的产生有两种,一种是低频模式,另一种是过采样模式。

注意,#pragma vector = USCIAB0RX_VECTOR 里要写 AB0,只写 A0 会出现仿真结果错误。

五、思考题

1. MSP430 向计算机发送数据,在计算机串口助手内显示"Hello Word"。

2. 计算机通过串口调试助手向 MSP430 发送数据,数据处理后在 LCD1602 液晶显示器上显示。通信格式为无校验,8 位数据位,1 位停止位,波特率 9 600。

实训十　DS18B20 温度显示设计

一、实训目的

1. 了解 DS18B20 使用方法。

2. 掌握 DS18B20 寄存器操作方法。

3. 学会 DS18B20 单总线编程方法。

二、实训原理

1. DS18B20 简介

DS18B20 是单线接口数字温度传感器,测量范围是 $-55 \sim +125$ ℃ , $-10 \sim +85$ ℃ 范围内精度是 ±0.5 ℃ ,测量分辨率为 9~12 位,上电默认精度为 12 位,分辨率为 0.062 5 ℃ ,最大转换时间为 750 ms,工作电压为 3.0~5.5 V。

DS18B20 包括寄生电源电路、64 位 ROM 和单线接口电路、暂存器、EEP-ROM、8 位 CRC 生成器和温度传感器等。寄生电源电路可以实现外部电源供电和单线寄生供电。64 位 ROM 中存放的 48 位序列号用于识别同一单线上连接的多个 DS18B20,以实现多点测温。64 位 ROM 代码的格式为:8 位 CRC 校验码+48 位序列号+8 位系列码。

其中,8 位 CRC 校验码是 48 位序列号和 8 位系列码的 CRC 校验码。DS18B20 的暂存器如表 10.1 所示。

表 10.1　DS18B20 暂存器

地址	名称	类型	复位值	说明
0	温度值低 8 位	只读	0x0550	b15~b11:符号位;b10~b4:7 位整数;
1	温度值高 8 位	只读	(85 ℃)	b3~b0:4 位小数(补码)
2	TH 或用户字节 1	读写	EEPROM	b7:符号位;b6~b0:7 位温度报警高值(补码)
3	TL 或用户字节 2	读写	EEPROM	b7:符号位;b6~b0:7 位温度报警低值(补码)
4	配置寄存器 CR	读写	EEPROM	b6~b5:分辨率从 00~11 选 9~12 位

续表

地址	名称	类型	复位值	说明
5~7	保留	只读	0x100CFF	—
8	CRC	只读	EEPROM	暂存器 0~7 数据 CRC 校验码

2. DS18B20 的操作步骤

分为 3 步:初始化、ROM 命令、功能命令。DS18B20 的 ROM 命令和功能命令分别如表 10.2 和表 10.3 所示。

表 10.2　DS18B20 ROM 命令

命令	代码	参数或返回值	说明
搜索 ROM	0xF0	—	搜索单线上连接的多个 DS18B20,搜索后重新初始化
读取 ROM	0x33	ROM 代码	读取单个 DS18B20 的 64 位 ROM 代码
匹配 ROM	0x55	ROM 代码	寻址指定 ROM 代码的 DS18B20
跳过 ROM	0xCC	—	寻址所有单线上连接的多个 DS18B20
搜索报警	0xEC	—	搜索单线上连接的有报警标志的 DS18B20

表 10.3　DS18B20 功能命令

命令	代码	参数或返回值	说明
转换温度	0x44	0:转换,1:完成转换	启动温度转换,转换结果存放在暂存器的 0~1 字节
读暂存器	0xBE	9 字节数据	读取暂存器的 0~8 字节
写暂存器	0x4E	TH、TL、CR	将 TH、TL 和 CR 值写入暂存器的 2~4 字节
复制暂存器	0x48	—	将暂存器的 2~4 字节复制到 EEPROM
调回 EEPROM	0xB8	0:调回;1:完成	将 EEPROM 的值调回到暂存器的 2~4 字节
读电源模式	0xB4	—	确定 DS18B20 是否使用寄生供电模式

3. 初始化时序

初始化时序图如图 10.1 所示。

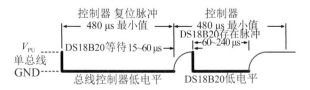

图 10.1　初始化时序图

在初始化期间,总线控制器拉低总线并保持 480 μs 以发出一个复位脉冲,然后释放总线,进入接收状态。单总线由 5.1 kΩ 上拉电阻接到电源上。当 DS18B20 探测到 I/O 引脚上的上升沿后,等待 15~60 μs,然后发出一个由 60~240 μs 低电平信号构成的存在脉冲。

初始化,数据线高电平、延迟、数据线低电平、延时 750 μs、数据线高电平、延时等待。

三、硬件实训

1. 硬件电路

DS18B20 电路图如图 10.2 所示。

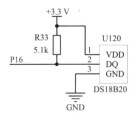

图 10.2　DS18B20 电路图

2. 设计要求

(1)DS18B20 测量温度值在数码管上显示。

(2)DS18B20 测量温度值在 LCD1602 上显示。

3. 程序设计

(1)程序 1

①主程序

```
#include <msp430x14x. h>
#include "ds18b20. c"
#define u8 unsigned char
#define u16 unsigned int
#define wei_h P5OUT| = BIT5
#define wei_l P5OUT& = ~BIT5
#define duan_h P6OUT| = BIT6
#define duan_l P6OUT& = ~BIT6
u8 sg[16] = {0x3f,0x06,0x5b,0x4f,0x66,0x6d,0x7d,0x07,
          0x7f,0x6f,0x77,0x7c,0x39,0x5e,0x79,0x71};
u8 wei[6];
u8 cnt = 0;
//将从 DS18B20 读取的 11 位温度数据转换成数码管显示的温度数字
void display(u16 temp)
{
  u8 i;
```

```
for(i=0;i<6;i++)
    wei[i]=0;
if(temp&BIT0)
{
    wei[0]=5;
    wei[1]=2;
    wei[2]=6;
}
if(temp&BIT1)
{
    wei[1]+=5;
    wei[2]+=2;
    wei[3]+=1;
}
if(temp&BIT2)
{
    wei[2]+=5;
    wei[3]+=2;
    if(wei[2]>=10)
    {
        wei[2]-=10;
        wei[3]+=1;
    }
}
if(temp&BIT3)
{
    wei[3]+=5;
}
if(temp&BIT4)
{
    wei[4]+=1;
}
if(temp&BIT5)
```

```
        {
          wei[4]+=2;
        }
      if(temp&BIT6)
        {
          wei[4]+=4;
        }
      if(temp&BIT7)
        {
          wei[4]+=8;
          if(wei[4]>=10)
            {
              wei[4]-=10;
              wei[5]+=1;
            }
        }
      if(temp&BIT8)
        {
          wei[4]+=6;
          wei[5]+=1;
          if(wei[4]>=10)
            {
              wei[4]-=10;
              wei[5]+=1;
            }
        }
      if(temp&BIT9)
        {
          wei[4]+=2;
          wei[5]+=3;
          if(wei[4]>=10)
            {
              wei[4]-=10;
              wei[5]+=1;
            }
        }
```

```
if( temp&BITA )
{
    wei[4]+=4;
    wei[5]+=6;
    if( wei[4]>=10)
    {
        wei[4]-=10;
        wei[5]+=1;
    }
    if( wei[5]>=10)
    {
        wei[5]-=10;
    }
}
}
void main( void )
{
    P1DIR = 0xff; P1OUT = 0xff;
    P2DIR = 0xff; P2OUT = 0xff;
    P3DIR = 0xff; P3OUT = 0xff;
    P4DIR = 0xff; P4OUT = 0xff;
    P5DIR = 0xff; P5OUT = 0xff;
    P6DIR = 0xff; P6OUT = 0xff;
    u8 i;
    WDTCTL = WDTPW+WDTHOLD;
    //选择系统主时钟为8 MHz
    BCSCTL1& = ~XT2OFF; //打开 XT2 高频振荡器
    do
    {
        IFG1& = ~OFIFG;
        for( i = 0xff; i>0; i-- ); //等待 8 MHz 晶体起振
    }
    while( IFG1&OFIFG );
```

```
BCSCTL2|=SELM_2+SELS;//MCLK 和 SMCLK 选择高频晶振
WDTCTL=WDT_ADLY_1_9;
IE1|=WDTIE;
//计数时钟选择 SMLK=8 MHz,1/8 分频后为 1 MHz
TACTL|=TASSEL_2+ID_3;
_EINT();
while(1)
{
    display(temp_val());
}
}
#pragma vector=WDT_VECTOR
_interrupt void watchdog_timer(void)
{
    P4OUT=sg[wei[5-cnt]];
    if(cnt==1)
        P4OUT|=BIT7;//在第二位显示小数点
    duan_h;
    duan_l;
    P4OUT=~(1<<cnt);
    wei_h;
    wei_l;
    cnt++;
    if(cnt==6)
        cnt=0;
}
```

②ds18b20. c

```
#include <msp430x14x. h>
#define u8 unsigned char
#define u16 unsigned int
#define h_DQ P1OUT|=BIT6
#define l_DQ P1OUT&=~BIT6
#define DQ (P1IN&BIT6)
//定时器 A 是 1 MHz,CPU 主频 8 MHz
```

```
void delay_us(u16 n)
{
    CCR0＝n；
    TACTL|＝MC_1；//增计数到 CCR0
    while(！(TACTL&BIT0))；//等待
    TACTL&＝～MC_1；//停止计数
    TACTL&＝～BIT0；//清除中断标志
}
u8 init_18B20(void)
{
    u8 result；
    P1DIR|＝BIT6；
    _DINT()；
    l_DQ；
    delay_us(500)；
    h_DQ；
    delay_us(55)；
    P1DIR&＝～BIT6；
    _NOP()；
    if(DQ)
    {
        result＝1；//失败
    }
    else
    {
        result＝0；//成功
    }
    P1DIR|＝BIT6；
    h_DQ；
    _EINT()；
    delay_us(400)；
    return result；
}
void write_18B20(u8 dat)
```

```
{
  u8 i;
  _DINT();
  for(i=0;i<8;i++)
  {
    l_DQ;
    delay_us(6);//延时 6 μs
    if(dat&0X01)
      h_DQ;
    else
      l_DQ;
    dat>>=1;
    delay_us(50);//延时 50 μs
    h_DQ;
    delay_us(10);//延时 10 μs
  }
  _EINT();
}
u8 read_18B20(void)
{
  u8 i;
  u8 temp=0;
  _DINT();
  for(i=0;i<8;i++)
  {
    temp >>=1;
    l_DQ;
    delay_us(6);//延时 6 μs
    h_DQ;
    delay_us(8);//延时 8 μs
    P1DIR&=~BIT6;
    _NOP();
    if(DQ)
      temp|=0x80;
```

```
        delay_us(45);//延时 45 μs
        P1DIR|=BIT6;
        h_DQ;
        delay_us(10);//延时 10 μs
    }
    _EINT();
    return temp;
}
//发送跳过读取产品 ID 命令
void skip(void)
{
    write_18B20(0xcc);
}
//发送温度转换
void convert(void)
{
    write_18B20(0x44);
}
//发送读暂存器命令
void read_sp(void)
{
    write_18B20(0xbe);
}
//从 DS18B20 的暂存器读取温度转换结果
u16 read_temp(void)
{
    u8 temp_low;
    u16 temp;
    temp_low=read_18B20();//读低位
    temp=read_18B20();//读高位
    temp=(temp<<8)|temp_low;
    return temp;
}
//测量的温度数值
```

```
u16 temp_val(void)
{
    u8 i;
    do
    {
        i=init_18B20();
    }
    while(i);
    skip();
    convert();
    for(i=20;i>0;i--)
        delay_us(60000);
    do
    {
        i=init_18B20();
    }
    while(i);
    skip();
    read_sp();
    return read_temp();
}
```

（2）程序2

①主程序

```
#include <msp430x14x.h>
#include "lcd1602.c"
#include "ds18b20.c"
#define u8 unsigned char
#define u16 unsigned int
u8 wei[6];
void display(u16 temp)
{
    u8 i;
    for(i=0;i<6;i++)
        wei[i]=0;
```

```
if( temp&BIT0)
{
   wei[0]=5;
   wei[1]=2;
   wei[2]=6;
}
if( temp&BIT1)
{
   wei[1]+=5;
   wei[2]+=2;
   wei[3]+=1;
}
if( temp&BIT2)
{
   wei[2]+=5;
   wei[3]+=2;
   if( wei[2]>=10)
   {
      wei[2]-=10;
      wei[3]+=1;
   }
}
if( temp&BIT3)
{
   wei[3]+=5;
}
if( temp&BIT4)
{
   wei[4]+=1;
}
if( temp&BIT5)
{
   wei[4]+=2;
}
```

```
if( temp&BIT6 )
{
  wei[ 4 ]+=4;
}
if( temp&BIT7 )
{
  wei[ 4 ]+=8;
  if( wei[ 4 ]>=10 )
  {
    wei[ 4 ]-=10;
    wei[ 5 ]+=1;
  }
}
if( temp&BIT8 )
{
  wei[ 4 ]+=6;
  wei[ 5 ]+=1;
  if( wei[ 4 ]>=10 )
  {
    wei[ 4 ]-=10;
    wei[ 5 ]+=1;
  }
}
if( temp&BIT9 )
{
  wei[ 4 ]+=2;
  wei[ 5 ]+=3;
  if( wei[ 4 ]>=10 )
  {
    wei[ 4 ]-=10;
    wei[ 5 ]+=1;
  }
}
if( temp&BITA )
```

```c
      {
    wei[4]+=4;
    wei[5]+=6;
    if(wei[4]>=10)
    {
      wei[4]-=10;
      wei[5]+=1;
    }
    if(wei[5]>=10)
    {
      wei[5]-=10;
    }
  }
}
void main(void)
{
  u8 i;
  P1DIR=0xff;P1OUT=0xff;
  P2DIR=0xff;P2OUT=0xff;
  P3DIR=0xff;P3OUT=0xff;
  P4DIR=0xff;P4OUT=0xff;
  P5DIR=0xff;P5OUT=0xff;
  P6DIR=0xff;P6OUT=0xff;
  WDTCTL=WDTPW+WDTHOLD;
  //选择系统主时钟为8 MHz
  BCSCTL1&=~XT2OFF;//打开XT2高频振荡器
  do
  {
    IFG1&=~OFIFG;
    for(i=0xff;i>0;i--);//等待8 MHz晶体起振
  }
  while(IFG1&OFIFG);
  BCSCTL2|=SELM_2+SELS;//MCLK和SMCLK选择高频晶振
  //计数时钟选择SMLK=8 MHz,1/8分频后为1 MHz
```

```
    TACTL|=TASSEL_2+ID_3;
    _EINT();
    init_lcd();
    dispstr(0,0,"Temperature is:");
    while(1)
    {
        display(temp_val());
        displchar(4,1,wei[5]+0x30);
        displchar(5,1,wei[4]+0x30);
        displchar(6,1,0x2e);//0x2e是小数点对应的ASCII码值
        displchar(7,1,wei[3]+0x30);
        displchar(8,1,wei[2]+0x30);
        displchar(9,1,wei[1]+0x30);
        displchar(10,1,wei[0]+0x30);
    }
}
        ②ds18b20.c
#include <msp430x14x.h>
#define u8 unsigned char
#define u16 unsigned int
#define h_DQ P1OUT|=BIT6
#define l_DQ P1OUT&=~BIT6
#define DQ (P1IN&BIT6)
//定时器A是1 MHz,CPU主频8 MHz
void delay_us(u16 n)
{
    CCR0=n;
    TACTL|=MC_1;//增计数到CCR0
    while(!(TACTL&BIT0));//等待
    TACTL&=~MC_1;//停止计数
    TACTL&=~BIT0;//清除中断标志
}
u8 init_18B20(void)
```

```
{
    u8 result;
    P1DIR|=BIT6;
    _DINT();
    l_DQ;
    delay_us(500);
    h_DQ;
    delay_us(55);
    P1DIR&=~BIT6;
    _NOP();
    if(DQ)
    {
        result=1;//失败
    }
    else
    {
        result=0;//成功
    }
    P1DIR|=BIT6;
    h_DQ;
    _EINT();
    delay_us(400);
    return result;
}
void write_18B20(u8 dat)
{
    u8 i;
    _DINT();
    for(i=0;i<8;i++)
    {
        l_DQ;
        delay_us(6);//延时 6 μs
        if(dat&0X01)
            h_DQ;
        else
```

```
        l_DQ；
      dat>>=1；
      delay_us(50)；//延时 50 μs
      h_DQ；
      delay_us(10)；//延时 10 μs
    }
    _EINT()；
}
u8 read_18B20(void)
{
    u8 i；
    u8 temp=0；
    _DINT()；
    for(i=0；i<8；i++)
    {
      temp >>=1；
      l_DQ；
      delay_us(6)；//延时 6 μs
      h_DQ；
      delay_us(8)；//延时 8 μs
      P1DIR&=~BIT6；
      _NOP()；
      if(DQ)
        temp |=0x80；
      delay_us(45)；//延时 45 μs
      P1DIR|=BIT6；
      h_DQ；
      delay_us(10)；//延时 10 μs
    }
    _EINT()；
    return temp；
}
//发送跳过读取产品 ID 命令
void skip(void)
```

```
{
    write_18B20(0xcc);
}
//发送温度转换
void convert(void)
{
    write_18B20(0x44);
}
//发送读暂存器命令
void read_sp(void)
{
    write_18B20(0xbe);
}
//从DS18B20的暂存器读取温度转换结果
u16 read_temp(void)
{
    u8 temp_low;
    u16 temp;
    temp_low=read_18B20();//读低位
    temp=read_18B20();//读高位
    temp=(temp<<8)|temp_low;
    return temp;
}
//测量的温度数值
u16 temp_val(void)
{
    u8 i;
    do
    {
        i=init_18B20();
    }
    while(i);
    skip();
    convert();
```

```
    for(i=20;i>0;i--)
      delay_us(60000);
    do
    {
      i=init_18B20();
    }
    while(i);
    skip();
    read_sp();
    return read_temp();
}
```

③lcd1602.c

```
#include <msp430x14x.h>
#define u8 unsigned char
#define u16 unsigned int
#define busy 0x80
#define l_rs P3OUT&=~BIT0;
#define h_rs P3OUT|=BIT0;
#define l_rw P3OUT&=~BIT1;
#define h_rw P3OUT|=BIT1;
#define l_en P3OUT&=~BIT2;
#define h_en P3OUT|=BIT2;
void delay(u16 z)
{
  u16 y;
  while(z--)
    for(y=0;y<80;y++);
}
void wait_en(void)
{
  P4DIR&=0x00;//P4 端口输入
  l_rs;
  h_rw;
  _NOP();
```

```
    h_en;
    _NOP();
    _NOP();
    while((P4IN&busy)!=0);//检测忙标志
    l_en;
    P4DIR|=0xff;//将P4端口切换为输出状态
}
void write_com(u8 com,u8 chk)
{
    if(chk)
       wait_en();//检测忙信号
    l_rs;
    l_rw;
    _NOP();
    P4OUT=com;//将命令字写入数据端口
    _NOP();
    h_en;//产生使能脉冲信号
    _NOP();
    _NOP();
    l_en;
}
void write_dat(u8 dat)
{
    wait_en();//检测忙信号
    h_rs;
    l_rw;
    _NOP();
    P4OUT=dat;
    _NOP();
    h_en;//产生使能脉冲信号
    _NOP();
    _NOP();
    l_en;
}
```

```
void init_lcd(void)
{
    P3DIR |= 0x07;
    P4DIR = 0xff;
    write_com(0x38,0);
    delay(500);
    write_com(0x38,0);
    delay(500);
    write_com(0x38,0);
    delay(500);
    write_com(0x38,1);
    write_com(0x08,1);
    write_com(0x01,1);
    write_com(0x06,1);
    write_com(0x0c,1);
}
void locatexy(u8 x,u8 y)
{
    u8 temp;
    temp = x&0x0f;
    y& = 0x01;
    if(y)
        temp |= 0x40;
    temp |= 0x80;
    write_com(temp,1);
}
void disp1char(u8 x,u8 y,u8 data)
{
    locatexy(x,y);
    write_dat(data);
}
void dispstr(u8 x,u8 y,u8 * ptr)
{
    u8 * temp;
```

```
u8 i,n=0;
temp=ptr;
while( * ptr++! ='\0')
   n++;//计算字符串有效字符的个数
for(i=0;i<n;i++)
{
   displchar(x++,y,temp[i]);
   if(x==0x0f)
   {
      x=0;
      y^=1;
   }
}
}
void dispnchar(u8 x,u8 y,u8 n,u8 * ptr)
{
   u8 i;
   for(i=0;i<n;i++)
   {
      displchar(x++,y,ptr[i]);
      if(x==0x0f)
      {
         x=0;
         y^=1;
      }
   }
}
```

4. 结果与分析

上电时的默认分辨率为 12 位,temp=(TH<<4)|(TL>>4),TL 左移 4 位把低 4 位小数部分去掉,temp 为 8 位数据。

(1)数码管显示

6 位数码管显示,前两位是整数部分,后 4 位为小数。

(2)液晶显示器显示

第 1 行显示提示,第 2 行显示温度值。

四、仿真实训

1.设计要求

利用 Proteus 软件设计 DS18B20 测量温度值在 LCD1602 上显示。

2.仿真电路

DS18B20 仿真电路如图 10.3 所示。

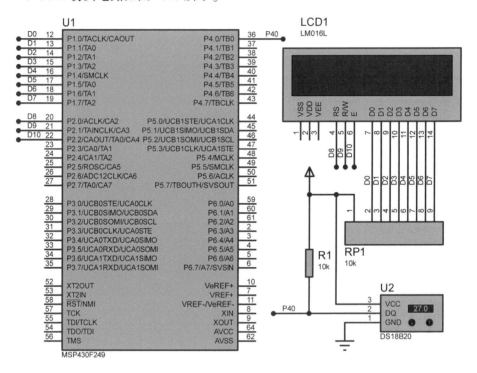

图 10.3　DS18B20 仿真电路图

3.程序设计

（1）主程序

```
#include <msp430x24x.h>
#include "lcd1602.c"
#include "ds18b20.c"
#define u8 unsigned char
#define u16 unsigned int
u8 wei[6];
void display(u16 temp)
{
    u8 i;
```

```
for(i=0;i<6;i++)
  wei[i]=0;
if(temp&BIT0)
{
  wci[0]=5;
  wei[1]=2;
  wei[2]=6;
}
if(temp&BIT1)
{
  wei[1]+=5;
  wei[2]+=2;
  wei[3]+=1;
}
if(temp&BIT2)
{
  wei[2]+=5;
  wei[3]+=2;
  if(wei[2]>=10)
  {
    wei[2]-=10;
    wei[3]+=1;
  }
}
if(temp&BIT3)
{
  wei[3]+=5;
}
if(temp&BIT4)
{
  wei[4]+=1;
}
if(temp&BIT5)
```

```
    {
      wei[4]+=2;
    }
    if(temp&BIT6)
    {
      wei[4]+=4;
    }
    if(temp&BIT7)
    {
      wei[4]+=8;
      if(wei[4]>=10)
      {
        wei[4]-=10;
        wei[5]+=1;
      }
    }
    if(temp&BIT8)
    {
      wei[4]+=6;
      wei[5]+=1;
      if(wei[4]>=10)
      {
        wei[4]-=10;
        wei[5]+=1;
      }
    }
    if(temp&BIT9)
    {
      wei[4]+=2;
      wei[5]+=3;
      if(wei[4]>=10)
      {
        wei[4]-=10;
        wei[5]+=1;
      }
    }
```

```
if( temp&BITA)
  {
    wei[4]+=4;
    wei[5]+=6;
    if( wci[4]>-10)
      {
        wei[4]-=10;
        wei[5]+=1;
      }
    if( wei[5]>=10)
      {
        wei[5]-=10;
      }
  }
}
void main( void)
{
  u8 i;
  P1DIR=0xff;P1OUT=0xff;
  P2DIR=0xff;P2OUT=0xff;
  P3DIR=0xff;P3OUT=0xff;
  P4DIR=0xff;P4OUT=0xff;
  P5DIR=0xff;P5OUT=0xff;
  P6DIR=0xff;P6OUT=0xff;
  WDTCTL=WDTPW+WDTHOLD;
  //选择系统主时钟为8 MHz
  BCSCTL1&=~XT2OFF;//打开 XT2 高频振荡器
  do
  {
    IFG1&=~OFIFG;
    for( i=0xff;i>0;i--);//等待 8 MHz 晶体起振
  }
  while( IFG1&OFIFG);
```

BCSCTL2|=SELM_2+SELS;//MCLK 和 SMCLK 选择高频晶振

//计数时钟选择 SMLK=8 MHz,1/8 分频后为 1 MHz

TACTL|=TASSEL_2+ID_3;

_EINT();

lcdrst();

dispstr(0,0,"Temperature is:");

while(1)

 {

  display(temp_val());

  disp1char(4,1,wei[5]+0x30);

  disp1char(5,1,wei[4]+0x30);

  disp1char(6,1,0x2e);//0x2e 是小数点对应的 ASCII 码值

  disp1char(7,1,wei[3]+0x30);

  disp1char(8,1,wei[2]+0x30);

  disp1char(9,1,wei[1]+0x30);

  disp1char(10,1,wei[0]+0x30);

 }

}

  (2)lcd1602. c

#include <msp430x24x. h>

#define u8 unsigned char

#define u16 unsigned int

#define busy 0x80

#define l_rs P2OUT&=~BIT0;

#define h_rs P2OUT|=BIT0;

#define l_rw P2OUT&=~BIT1;

#define h_rw P2OUT|=BIT1;

#define l_en P2OUT&=~BIT2;

#define h_en P2OUT|=BIT2;

void delay(u16 z)

{

 u16 y;

 while(z--)

  for(y=0;y<80;y++);

}

```
void wait_en(void)
{
    P1DIR&=0x00;//P1端口输入
    l_rs;
    h_rw;
    delay(10);
    h_en;
    delay(10);
    while((P1IN&busy)!=0);//检测忙标志
    l_en;
    P1DIR|=0xff;//将P1端口切换为输出状态
}
void write_com(u8 com,u8 chk)
{
    if(chk)
        wait_en();//检测忙信号
    l_rs;
    l_rw;
    delay(5);
    P1OUT=com;//将命令字写入数据端口
    delay(5);
    h_en;//产生使能脉冲信号
    delay(5);
    l_en;
}
void write_dat(u8 dat)
{
    wait_en();//检测忙信号
    h_rs;
    l_rw;
    delay(5);
    P1OUT=dat;
    delay(5);
```

```
    h_en;//产生使能脉冲信号
    delay(5);
    l_en;
}
void lcdrst(void)
{
    P2DIR|=0x07;
    P1DIR=0xff;
    write_com(0x38,0);
    delay(15);
    write_com(0x38,0);
    delay(15);
    write_com(0x38,0);
    delay(15);
    write_com(0x38,1);
    delay(15);
    write_com(0x08,1);
    delay(15);
    write_com(0x01,1);
    delay(15);
    write_com(0x06,1);
    delay(15);
    write_com(0x0c,1);
    delay(15);
}
void locatexy(u8 x,u8 y)
{
    u8 temp;
    temp=x&0x0f;
    y&=0x01;
    if(y)
        temp|=0x40;
    temp|=0x80;
    write_com(temp,1);
}
```

```
void disp1char(u8 x,u8 y,u8 data)
{
   locatexy(x,y);
   write_dat(data);
}
void dispstr(u8 x,u8 y,u8 * ptr)
{
   u8  * temp;
   u8 i,n=0;
   temp=ptr;
   while( * ptr++!='\0')
      n++;//计算字符串有效字符的个数
   for(i=0;i<n;i++)
   {
      disp1char(x++,y,temp[i]);
      if(x= =0x0f)
      {
         x=0;
         y^=1;
      }
   }
}
void dispnchar(u8 x,u8 y,u8 n,u8 * ptr)
{
   u8 i;
   for(i=0;i<n;i++)
   {
      disp1char(x++,y,ptr[i]);
      if(x= =0x0f)
      {
         x=0;
         y^=1;
      }
   }
}
```

（3）ds18b20. c

```
#include <msp430x24x. h>
#define u8 unsigned char
#define u16 unsigned int
#define busy 0x80
#define l_rs P2OUT& = ~BIT0;
#define h_rs P2OUT| = BIT0;
#define l_rw P2OUT& = ~BIT1;
#define h_rw P2OUT| = BIT1;
#define l_en P2OUT& = ~BIT2;
#define h_en P2OUT| = BIT2;
void delay(u16 z)
{
  u16 y;
  while(z--)
    for(y=0;y<80;y++);
}
void wait_en(void)
{
  P1DIR& =0x00;//P1 端口输入
  l_rs;
  h_rw;
  delay(10);
  h_en;
  delay(10);
  while((P1IN&busy)! =0);//检测忙标志
  l_en;
  P1DIR| =0xff;//将 P1 端口切换为输出状态
}
void write_com(u8 com,u8 chk)
{
  if(chk)
    wait_en();//检测忙信号
```

```
    l_rs;

    l_rw;

    delay(5);

    P1OUT=com;//将命令字写入数据端口

    delay(5),

    h_en;//产生使能脉冲信号

    delay(5);

    l_en;
}
void write_dat(u8 dat)
{
    wait_en();//检测忙信号

    h_rs;

    l_rw;

    delay(5);

    P1OUT=dat;

    delay(5);

    h_en;//产生使能脉冲信号

    delay(5);

    l_en;
}
void lcdrst(void)
{
    P2DIR|=0x07;

    P1DIR=0xff;

    write_com(0x38,0);

    delay(15);

    write_com(0x38,0);

    delay(15);

    write_com(0x38,0);

    delay(15);

    write_com(0x38,1);

    delay(15);
```

```
    write_com(0x08,1);
    delay(15);
    write_com(0x01,1);
    delay(15);
    write_com(0x06,1);
    delay(15);
    write_com(0x0c,1);
    delay(15);
}
void locatexy(u8 x,u8 y)
{
    u8 temp;
    temp=x&0x0f;
    y&=0x01;
    if(y)
        temp|=0x40;
    temp|=0x80;
    write_com(temp,1);
}
void displchar(u8 x,u8 y,u8 data)
{
    locatexy(x,y);
    write_dat(data);
}
void dispstr(u8 x,u8 y,u8 *ptr)
{
    u8 *temp;
    u8 i,n=0;
    temp=ptr;
    while(*ptr++!='\0')
        n++;//计算字符串有效字符的个数
    for(i=0;i<n;i++)
    {
        displchar(x++,y,temp[i]);
```

```
      if( x = = 0x0f)
      {
        x = 0;
        y^ = 1;
      }
    }
}
void dispnchar( u8 x,u8 y,u8 n,u8 ＊ptr)
{
  u8 i;
  for( i = 0;i<n;i++)
  {
    disp1char( x++,y,ptr[ i] ) ;
    if( x = = 0x0f)
    {
      x = 0;
      y^ = 1;
    }
  }
}
```

4.仿真结果与分析

加载目标程序文件".hex"。设置仿真参数 MCLK = 8 MHz,SMCLK = 8 MHz,ACLK = 32 768 Hz。运行后 LCD1602 第 1 行显示"Temperature is",第 2 行显示当前环境温度。

注意,若仿真后 LCD1602 不显示,但电路设计和程序编写正确,可以适当增加 lcd1602.c 文件中的 LCD1602 液晶初始化部分和写命令、写数据函数中的延时函数 delay(x)的参数 x 值,基本能解决 LCD1602 液晶显示器不显示的问题。

五、思考题

1.利用 DS18B20 温度传感器测量温度值,取小数点后 1 位显示在数码管上。

2.利用 DS18B20 温度传感器测量温度值,取小数点后 1 位显示在 LCD1602 上。

实训十一　DS1302 数字时钟设计

一、实训目的

1. 了解 DS1302 数字时钟的硬件电路。

2. 掌握 DS1302 寄存器的使用方法。

3. 学会 DS1302 数字时钟编程方法。

二、实训原理

1. DS1302 芯片简介

DS1302 是一款涓流充电时钟芯片,内含一个实时时钟/日历和 31 字节静态 RAM,通过简单的串行接口与单片机进行通信。实时时钟/日历电路提供秒、分、时、日、周、月、年的信息,每月的天数和每年的天数可自动调整。工作电压为 2.0~5.0 V。

时钟操作可通过 AM/PM 指示决定采用 24 小时或 12 小时格式。DS1302 与单片机之间能简单地采用同步串行方式进行通信,仅用到三个口线:RES 复位、I/O 数据和 SCLK 串行时钟。时钟/RAM 的读/写数据以一个字节或多达 31 个字节的字符组方式通信。

DS1302 有 12 个寄存器,其中有 7 个寄存器与日历、时钟相关,存放的数据位为 BCD 码形式。此外,DS1302 还有年份寄存器、控制寄存器、充电寄存器、时钟突发寄存器及与 RAM 相关的寄存器等。时钟突发寄存器可一次性顺序读写除充电寄存器外的所有寄存器内容。

DS1302 中与 RAM 相关的寄存器分为两类,一类是单个 RAM 单元,共 31 个,每个单元组态为一个 8 位的字节,其命令控制字为 0xc0~0xfd,其中奇数为读操作,偶数为写操作;另一类为突发方式下的 RAM 寄存器,此方式下可一次性读写所有 RAM 的 31 个字节,命令控制字为 0xfe 写、0xff 读。

操作 DS1302 的大致过程,就是将各种数据写入 DS1302 的寄存器,以设置它当前的时间格式。然后使 DS1302 开始运作,DS1302 数字时钟会按照设置情况运转,再用单片机将其寄存器内的数据读出。

2. DS1302 的控制字

DS1302 控制字格式如表 11.1 所示。

表 11.1 DS1302 控制字格式

D7	D6	D5	D4	D3	D2	D1	D0
1	时钟/RAM	A4	A3	A2	A1	A0	读/写

D7 位:必须是 1,如果是 0,则不能把数据写入 DS1302。

D6 位:为 0 时,选择对时钟/日历寄存器进行控制读写操作。为 1 时,则为 RAM 区数据的控制读写操作。

D5~D1 位:操作单元的地址。

D0 位:为 0 时,写操作;为 1 时,读操作。

3. 时序图

DS1302 写字节时序如图 11.1 所示。第一个字节是地址字节;第二个字节是数据字节,信号必须拉高,否则数据的输入是无效的。换句话说,RST 信号控制数据时间信号输入的结束。当地址字节和数据字节读取上升沿有效时,由最低位(LSB)开始写入。

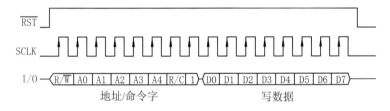

图 11.1 DS1302 写字节时序

DS1302 读字节时序如图 11.2 所示。读一个字节和写一个字节有明显的不同,先是写地址字节,然后再读数据字节,写地址字节时上升沿有效,而读数据字节时下降沿有效,当然前提是 RST 信号必须拉高。写地址字节和读数据字节同是从最低位即第 0 位开始读出。

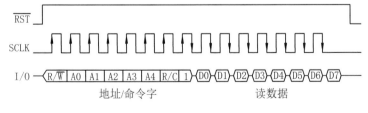

图 11.2 DS1302 读字节时序

4. 寄存器

DS1302 的时钟寄存器如表 11.2 所示。

表 11.2 DS1302 时钟寄存器

地址	数据								初始值	说明
80~81	CH	秒十位			秒个位				0x80	秒:00~59;CH=1:时钟暂停位
82~83	0	分十位			分个位				0	分:00~59
84~85	12/24	0	A/P	时	时个位				0	时:00~23/01~12
86~87	0	0	日十位		日个位				1	日:01~28/29/30/31
88~89	0	0	0	月	月个位				1	月:01~12
8a~8b	0	0	0	0	0	星期			1	星期:1~7
8c~8d	年十位				年个位				0	年:00~99
8e~8f	WP	0	0	0	0	0	0	0	0	控制,WP=1:写保护位
90~91	TCS				DS		RS		0x5c	涓流充电选择位
31	—	—	—	—	—	—	—	—	—	时钟突发

秒寄存器的最高位 CH 为时间暂停位。当 CH=1 时,时钟振荡器停止工作,DS1302进入低功耗模式,电源消耗小于 100 μA。当 CH=0 时,时钟振荡器启动,DS1302 正常工作。

小时寄存器的最高位 12/24 为小时工作模式选择位。当最高位 12/24=1 时,为 12小时工作模式,当 A/P=0 时,为 AM 上午,当 A/P=1 时,为 PM 下午。在 12/24=0 时,为24 小时工作模式,"A/P"为第二个 10 小时位标识 20~23 时。

控制寄存器的最高位 WP 为写保护位。工作时,除 WP 外其他位置都置 0;对时钟/日历寄存器或 RAM 进行写操作前,WP 必须为 0。当 WP=1 时,不能对任何时钟/日历寄存器或 RAM 进行写操作。

TCS 位:涓流充电选择位(4 位),控制涓流充电器的选择。只有 0101 模式才能使涓流充电器工作。所有其他将禁止涓流充电。在 DS1302 上电后,涓流充电将被禁止。

DS 位:二极管选择位(2 位),选择是一个二极管还是两个二极管连接在 VCC2 和VCC1 之间。如果 DS 为 01,则选择一个二极管。如果 DS 为 10,则有两个二极管被选中。如果 DS 为 00 或 11,充电器被禁止(与 TCS 无关)。

RS 位:选择在 VCC2 和 VCC1 之间的连接电阻。RS 为 00,无电阻。RS 为 01,R1=2 kΩ。RS 为 10,R2=4 kΩ。RS 为 11,R3=8 kΩ。

三、硬件实训

1. DS1302 硬件电路

VCC 为主电源,VCC1 为备用电源。在主电源关闭后,备用电池 BT1 供电保持正常工作。RST 为复位,I/O 为数据线,SCLK 为串行时钟。X1 和 X2 为晶振脚,使用 32.768 kHz

晶振和两个 22 μF 电容构成晶振电路。DS1302 数字时钟电路如图 11.3 所示。

按键 K17~K20;上拉电阻 R6~R9 可选择 1 kΩ 至 20 kΩ 之间的电阻。独立按键电路如图 11.4 所示。

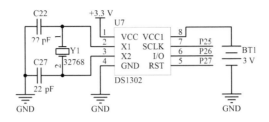

图 11.3　DS1302 时钟电路图

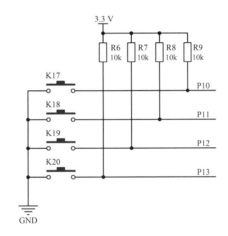

图 11.4　独立按键电路图

2. 设计要求

在 LCD1602 液晶显示器上显示一个数字日历,可以通过四个按键来设置各种参数。按 K17 键进入设置模式并可选择更改参数的位置,按 K18 键增加数值,按 K19 键回到工作模式,按 K20 键保存并回到工作模式。

3. 程序设计

(1)主程序

```
#include <msp430x14x.h>
#include "lcd1602.c"
#include "ds1302.c"
#include "key.c"
#define u8 unsigned char
#define u16 unsigned int
u8 time[7];
```

```
u8 lcdtab[ ] = { "0123456789" };
u8 p = 0, flag = 0;
void showtime(void)
{
    u8 row1[14];
    u8 row2[8];
    row1[0] = lcdtab[2];
    row1[1] = lcdtab[0];
    row1[2] = lcdtab[time[6]>>4];//年
    row1[3] = lcdtab[time[6]&0x0f];
    row1[4] = 0x2d;//" -"
    row1[5] = lcdtab[time[4]>>4];//月
    row1[6] = lcdtab[time[4]&0x0f];
    row1[7] = 0x2d;//" -"
    row1[8] = lcdtab[time[3]>>4];//日
    row1[9] = lcdtab[time[3]&0x0f];
    row1[10] = 0x20;//" "
    row1[11] = 0x3c;//" <"
    row1[12] = lcdtab[time[5]];//周
    row1[13] = 0x3e;//" >"
    dispnchar(1,0,14,row1);//在第一行显示
    row2[0] = lcdtab[time[2]>>4];//时
    row2[1] = lcdtab[time[2]&0x0f];
    row2[2] = 0x3a;//" :"
    row2[3] = lcdtab[time[1]>>4];//分
    row2[4] = lcdtab[time[1]&0x0f];
    row2[5] = 0x3a;//" :"
    row2[6] = lcdtab[time[0]>>4];//秒
    row2[7] = lcdtab[time[0]&0x0f];
    dispnchar(3,1,8,row2);//在第二行显示
}
void main(void)
{
    P1DIR = 0xff; P1OUT = 0xff;
```

```
P2DIR = 0xff; P2OUT = 0xff;

P3DIR = 0xff; P3OUT = 0xff;

P4DIR = 0xff; P4OUT = 0xff;

P5DIR = 0xff; P5OUT = 0xff;

P6DIR = 0xff; P6OUT = 0xff;

WDTCTL = WDTPW + WDTHOLD; //关闭看门狗

P1DIR = 0xf0;

init_ds1302();

init_lcd();

while(1)
{
    if(!flag)
    {
        get_ds1302(time); //获取时间数据
        showtime(); //转换显示
    }

    switch(key_four())
    {
        case 0x01:
                switch(p++) //确定游标地址
                {
                    case 0: locatexy(4,0); break;
                    case 1: locatexy(7,0); break;
                    case 2: locatexy(10,0); break;
                    case 3: locatexy(13,0); break;
                    case 4: locatexy(4,1); break;
                    case 5: locatexy(7,1); break;
                    case 6: locatexy(10,1); break;
                    default: break;
                }
                write_com(0x0f,1); //打开游标
                if(p == 7)
                    p = 0;
                flag = 1; //标志置位
```

```
                break;
        case 0x02:
                if(flag)
                {
                    switch(p)
                    {
                    case 1://年
                            time[6]++;
                            if((time[6]&0x0f)==0x0a)
                            {
                                time[6]+=0x06;
                            }
                            if(time[6]>0x99)
                            {
                                time[6]=0x00;
                            }
                            displchar(3,0,lcdtab[time[6]>>4]);
                            displchar(4,0,lcdtab[time[6]&0x0f]);
                            locatexy(4,0);
                            break;
                    case 2://月
                            time[4]++;
                            if((time[4]&0x0f)==0x0a)
                            {
                                time[4]+=0x06;
                            }
                            if(time[4]>0x12)
                            {
                                time[4]=0x01;
                            }
                            displchar(6,0,lcdtab[time[4]>>4]);
                            displchar(7,0,lcdtab[time[4]&0x0f]);
                            locatexy(7,0);
                            break;
```

```
case 3://日
        time[3]++;
        if((time[3]&0x0f)==0x0a)
        {
            time[3]+=0x06;
        }
        if(time[3]>0x31)
        {
            time[3]=0x01;
        }
        disp1char(9,0,lcdtab[time[3]>>4]);
        disp1char(10,0,lcdtab[time[3]&0x0f]);
        locatexy(10,0);
        break;
case 4://周
        time[5]++;
        if((time[5]&0x0f)==0x08)
        {
            time[5]=0x01;
        }
        disp1char(13,0,lcdtab[time[5]]);
        locatexy(13,0);
        break;
case 5://时
        time[2]++;
        if((time[2]&0x0f)==0x0a)
        {
            time[2]+=0x06;
        }
        if(time[2]>0x23)
        {
            time[2]=0x00;
        }
        disp1char(3,1,lcdtab[time[2]>>4]);
```

```
                disp1char(4,1,lcdtab[time[2]&0x0f]);
                locatexy(4,1);
                break;
        case 6://分
                time[1]++;
                if((time[1]&0x0f)==0x0a)
                {
                    time[1]+=0x06;
                }
                if(time[1]>0x59)
                {
                    time[1]=0x00;
                }
                disp1char(6,1,lcdtab[time[1]>>4]);
                disp1char(7,1,lcdtab[time[1]&0x0f]);
                locatexy(7,1);
                break;
        case 0://秒
                time[0]++;
                if((time[0]&0x0f)==0x0a)
                {
                    time[0]+=0x06;
                }
                if(time[0]>0x59)
                {
                    time[0]=0x00;
                }
                disp1char(9,1,lcdtab[time[0]>>4]);
                disp1char(10,1,lcdtab[time[0]&0x0f]);
                locatexy(10,1);
                break;
        default:
                break;
        }
    }
```

```
                break;
        case 0x03:
                if(flag)
                {
                    flag = 0;
                    p = 0;
                    write_com(0x0c,1);//关闭游标
                }
                break;
        case 0x04:
                if(flag)
                {
                    flag = 0;
                    p = 0;
                    write_com(0x0c,1);//关闭游标
                    set_ds1302(time);
                }
                break;
        default:
                break;
        }
    }
}
```

（2）ds1302. c

```
#include <msp430x14x. h>
#define u8 unsigned char
#define u16 unsigned int
#define l_rst P2OUT& = ~BIT7
#define h_rst P2OUT| = BIT7
#define l_scl P2OUT& = ~BIT5
#define h_scl P2OUT| = BIT5
#define l_sda P2OUT& = ~BIT6
#define h_sda P2OUT| = BIT6
```

```
#define sda_bit P2IN&BIT6
void delay1(u16 i)
{
    u16 j;
    for(j=0;j<i;j++)
        _NOP();
}
void init_ds1302(void)
{
    P2DIR|=BIT7;//RST 对应的 I/O 为输出
    P2DIR|=BIT5;//SCLK 对应的 I/O 为输出
    l_scl;//SCLK=0
    l_rst;//RST=0
    delay1(10);
    h_scl;//SCLK=1
}
//写 1 个字节的数据
void write_1byte(u16 dat)
{
    u16 i;
    P2DIR|=BIT6;//SDA 对应的 I/O 为输出
    h_rst;//REST=1;
    for(i=8;i>0;i--)
    {
        if(dat&0x01)
            h_sda;
        else
            l_sda;
        l_scl;
        delay1(10);
        h_scl;
        delay1(10);
```

```
        dat>>=1;
    }
}
//读1个字节的数据
u8 read_1byte(void)
{
    u8 i,dat1=0x00;
    P2DIR&=~BIT6;//SDA 对应的 I/O 为输入
    h_rst;//REST=1;
    for(i=8;i>0;i--)
    {
        h_scl;
        delay1(10);
        l_scl;
        delay1(10);
        dat1>>=1;
        if(sda_bit)
            dat1|=0x80;
    }
    return(dat1);
}
//写数据
void write_dat1302(u8 addr, u8 dat2)
{
    l_rst;
    l_scl;
    _NOP();
    h_rst;
    write_1byte(addr);
    write_1byte(dat2);
    h_scl;
    l_rst;
}
```

//读数据

```
u8 read_dat1302(u8 addr)
{
    u8 dat3;
    l_rst;
    l_scl;
    _NOP();
    h_rst;
    write_1byte(addr);
    dat3 = read_1byte();
    h_scl;
    l_rst;
    return(dat3);
}
```

//写多字节数据:7 个数据(BCD 格式)+1 个控制

```
void write_ds1302(u8  * ptr)
{
    u8 i;
    write_dat1302(0x8e,0x00);//允许写入
    l_rst
    l_scl;
    _NOP();
    h_rst;
    write_1byte(0xbe);//0xbe 为时钟多字节写入命令
    for(i=8;i>0;i--)
    {
        write_1byte( * ptr++);
    }
    h_scl;
    l_rst;
    write_dat1302(0x8e,0x80);//禁止写入
}
```

//读多字节数据

```
void read_ds1302(u8 * ptr)
{
    u8 i;
    l_rst;
    l_scl;
    _NOP();
    h_rst;
    write_1byte(0xbf);//0xbf 为时钟多字节读命令
    for(i=8;i>0;i--)
    {
        * ptr++=read_1byte();
    }
    h_scl;
    l_rst;
}
```

//写 RAM 多字节数据

```
void write_ram1302(u8 * ptr)
{
    u8 i;
    write_dat1302(0x8e,0x00);//允许写入
    l_rst;
    l_scl;
    _NOP();
    h_rst;
    write_1byte(0xfe);//0xfe 为 RAM 多字节写命令
    for(i=31;i>0;i--)//RAM 共有 31 个字节
    {
        write_1byte( * ptr++);
    }
    h_scl;
```

```
    l_rst;
    write_dat1302(0x8e,0x80);//禁止写入
}
//读 RAM 多字节数据
void read_ram1302(u8 * ptr)
{
    u8 i;
    l_rst;
    l_scl;
    _NOP();
    h_rst;
    write_1byte(0xff);//0xff 为 RAM 多字节读命令
    for(i=31;i>0;i--)
    {
        * ptr++ = read_1byte();
    }
    h_scl;
    l_rst;
}
//设置时间
void set_ds1302(u8 * ptr)
{
    u8 i,addr=0x80;
    write_dat1302(0x8e,0x00);//允许写入
    for(i=7;i>0;i--)
    {
    write_dat1302(addr, * ptr++);
    addr+=2;
    }
    write_dat1302(0x8e,0x80);//禁止写入
}
```

//读取当前时间

```c
void get_ds1302(u8 * ptr)
{
    u8 i,addr=0x81;
    for(i=0;i<7;i++)
    {
        ptr[i]=read_dat1302(addr);//秒分时日月星期年
        addr+=2;
    }
}
```

(3)lcd1602.c

```c
#include <msp430x14x.h>
#define u8 unsigned char
#define u16 unsigned int
#define busy 0x80
#define l_rs P3OUT&=~BIT0;
#define h_rs P3OUT|=BIT0;
#define l_rw P3OUT&=~BIT1;
#define h_rw P3OUT|=BIT1;
#define l_en P3OUT&=~BIT2;
#define h_en P3OUT|=BIT2;
void delay(u16 z)
{
    u16 y;
    while(z--)
        for(y=0;y<80;y++);
}
void wait_en(void)
{
    P4DIR&=0x00;//P4 端口输入
    l_rs;
    h_rw;
    _NOP();
```

```
    h_en;

    _NOP();

    _NOP();

    while((P4IN&busy)!=0);//检测忙标志

    l_en;

    P4DIR|=0xff;//将 P4 端口切换为输出状态
}

void write_com(u8 com,u8 chk)
{

    if(chk)

        wait_en();//检测忙信号

    l_rs;

    l_rw;

    _NOP();

    P4OUT=com;//将命令字写入数据端口

    _NOP();

    h_en;//产生使能脉冲信号

    _NOP();

    _NOP();

    l_en;
}

void write_dat(u8 dat)
{

    wait_en();//检测忙信号

    h_rs;

    l_rw;

    _NOP();

    P4OUT=dat;

    _NOP();

    h_en;//产生使能脉冲信号

    _NOP();

    _NOP();
```

```
l_en;
}
void init_lcd(void)
{
    P3DIR|=0x07;
    P4DIR=0xff;
    write_com(0x38,0);
    delay(500);
    write_com(0x38,0);
    delay(500);
    write_com(0x38,0);
    delay(500);
    write_com(0x38,1);
    write_com(0x08,1);
    write_com(0x01,1);
    write_com(0x06,1);
    write_com(0x0c,1);
}
void locatexy(u8 x,u8 y)
{
    u8 temp;
    temp=x&0x0f;
    y&=0x01;
    if(y)
        temp|=0x40;
    temp|=0x80;
    write_com(temp,1);
}
void disp1char(u8 x,u8 y,u8 data)
{
    locatexy(x,y);
    write_dat(data);
}
```

```
void dispstr( u8 x,u8 y,u8 * ptr)
{
    u8 * temp;
    u8 i,n = 0;
    temp = ptr;
    while( * ptr++! = '\0')
        n++;//计算字符串有效字符的个数
    for( i = 0;i<n;i++)
    {
        displchar( x++,y,temp[ i] );
        if( x = = 0x0f)
        {
            x = 0;
            y^ = 1;
        }
    }
}
void dispnchar( u8 x,u8 y,u8 n,u8 * ptr)
{
    u8 i;
    for( i = 0;i<n;i++)
    {
        displchar( x++,y,ptr[ i] );
        if( x = = 0x0f)
        {
            x = 0;
            y^ = 1;
        }
    }
}
```

（4）key. c

```c
#include <msp430x14x.h>
#define u8 unsigned char
#define u16 unsigned int
#define keyin (P1IN&0x0f)
void delay_10ms()
{
  u16 y,z=100;
  while(z--)
    for(y=0;y<80;y++);
}
u8 key_four(void)
{
  u8 temp,key;
  if(keyin!=0x0f)
  {
    delay_10ms();
    key=0;
    if(keyin!=0x0f)
    {
      temp=keyin;
      while(keyin!=0x0f);
      switch(temp)
      {
        case 0x0e:key=1;break;
        case 0x0d:key=2;break;
        case 0x0b:key=3;break;
        case 0x07:key=4;break;
        default:key=0;break;
      }
    }
  }
```

```
else
    key = 0;
return key;
}
```

4. 结果与分析

下载完程序,硬件液晶显示器可能是乱码,需要通过 K17 按键进入设置,依次选择年、月、日、星期、时、分、秒,按键 K18 实现加功能,设置完时间,按 K20 键确认运行。

四、仿真实训

1. 设计要求

利用 DS1302 和 LCD1602,设计时钟并显示。

2. 仿真电路

仿真电路如图 11.5 所示。按键仿真电路如图 11.6 所示。

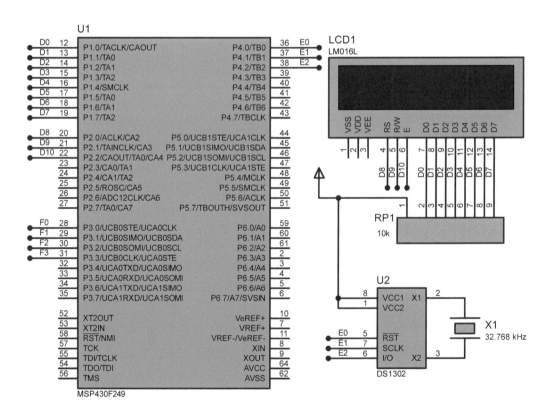

图 11.5　仿真电路图

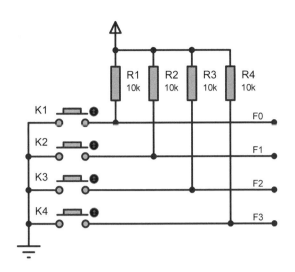

图11.6 按键仿真电路

3.程序设计

（1）主程序

```
#include <msp430x24x. h>
#include "lcd1602. c"
#include "ds1302. c"
#include "key. c"
#define u8 unsigned char
#define u16 unsigned int
u8 time[7];
u8 lcdtab[] = {"0123456789"};
u8 p=0,flag=0;
void showtime(void)
{
  u8 row1[14];
  u8 row2[8];
  row1[0] =lcdtab[2];
  row1[1] =lcdtab[0];
  row1[2] =lcdtab[time[6]>>4];//年
  row1[3] =lcdtab[time[6]&0x0f];
  row1[4] =0x2d;//"-"
  row1[5] =lcdtab[time[4]>>4];//月
  row1[6] =lcdtab[time[4]&0x0f];
```

```
    row1[7]=0x2d;//"-"
    row1[8]=lcdtab[time[3]>>4];//日
    row1[9]=lcdtab[time[3]&0x0f];
    row1[10]=0x20;//" "
    row1[11]=0x3c;//"<"
    row1[12]=lcdtab[time[5]];//周
    row1[13]=0x3e;//">"
    dispnchar(1,0,14,row1);//在第一行显示
    row2[0]=lcdtab[time[2]>>4];//时
    row2[1]=lcdtab[time[2]&0x0f];
    row2[2]=0x3a;//":"
    row2[3]=lcdtab[time[1]>>4];//分
    row2[4]=lcdtab[time[1]&0x0f];
    row2[5]=0x3a;//":"
    row2[6]=lcdtab[time[0]>>4];//秒
    row2[7]=lcdtab[time[0]&0x0f];
    dispnchar(3,1,8,row2);//在第二行显示
}
void main(void)
{
    P1DIR=0xff;P1OUT=0xff;
    P2DIR=0xff;P2OUT=0xff;
    P3DIR=0xff;P3OUT=0xff;
    P4DIR=0xff;P4OUT=0xff;
    P5DIR=0xff;P5OUT=0xff;
    P6DIR=0xff;P6OUT=0xff;
    WDTCTL=WDTPW+WDTHOLD;//关闭看门狗
    P3DIR=0xf0;
    init_ds1302();
    init_lcd();
    while(1)
    {
        if(!flag)
```

```
{
    get_ds1302(time);//获取时间数据
    showtime();//转换显示
}
switch(key_four())
{
    case 0x01:
                switch(p++)//确定游标地址
                {
                    case 0:locatexy(4,0);break;
                    case 1:locatexy(7,0);break;
                    case 2:locatexy(10,0);break;
                    case 3:locatexy(13,0);break;
                    case 4:locatexy(4,1);break;
                    case 5:locatexy(7,1);break;
                    case 6:locatexy(10,1);break;
                    default:break;
                }
                write_com(0x0f,1);//打开游标
                if(p==7)
                    p=0;
                flag=1;//标志置位
                break;
    case 0x02:
                if(flag)
                {
                    switch(p)
                    {
                        case 1://年
                                time[6]++;
                                if((time[6]&0x0f)==0x0a)
                                {
                                    time[6]+=0x06;
                                }
                                if(time[6]>0x99)
```

```
                {
                    time[6]=0x00;
                }
            displchar(3,0,lcdtab[time[6]>>4]);
            displchar(4,0,lcdtab[time[6]&0x0f]);
            locatexy(4,0);
            break;
        case 2://月
            time[4]++;
            if((time[4]&0x0f)==0x0a)
            {
                time[4]+=0x06;
            }
            if(time[4]>0x12)
            {
                time[4]=0x01;
            }
            displchar(6,0,lcdtab[time[4]>>4]);
            displchar(7,0,lcdtab[time[4]&0x0f]);
            locatexy(7,0);
            break;
        case 3://日
            time[3]++;
            if((time[3]&0x0f)==0x0a)
            {
                time[3]+=0x06;
            }
            if(time[3]>0x31)
            {
                time[3]=0x01;
            }
            displchar(9,0,lcdtab[time[3]>>4]);
            displchar(10,0,lcdtab[time[3]&0x0f]);
            locatexy(10,0);
```

```
            break;
case 4://周
        time[5]++;
        if((time[5]&0x0f)==0x08)
        {
            time[5]=0x01;
        }
        displchar(13,0,lcdtab[time[5]]);
        locatexy(13,0);
        break;
case 5://时
        time[2]++;
        if((time[2]&0x0f)==0x0a)
        {
            time[2]+=0x06;
        }
        if(time[2]>0x23)
        {
            time[2]=0x00;
        }
        displchar(3,1,lcdtab[time[2]>>4]);
        displchar(4,1,lcdtab[time[2]&0x0f]);
        locatexy(4,1);
        break;
case 6://分
        time[1]++;
        if((time[1]&0x0f)==0x0a)
        {
          time[1]+=0x06;
        }
        if(time[1]>0x59)
        {
            time[1]=0x00;
        }
```

```
                    displchar(6,1,lcdtab[time[1]>>4]);
                    displchar(7,1,lcdtab[time[1]&0x0f]);
                    locatexy(7,1);
                    break;
              case 0://秒
                    time[0]++;
                    if((time[0]&0x0f)==0x0a)
                    {
                        time[0]+=0x06;
                    }
                    if(time[0]>0x59)
                    {
                        time[0]=0x00;
                    }
                    displchar(9,1,lcdtab[time[0]>>4]);
                    displchar(10,1,lcdtab[time[0]&0x0f]);
                    locatexy(10,1);
                    break;
              default:
                    break;
              }
          }
          break;
    case 0x03:
          if(flag)
          {
              flag=0;
              p=0;
              write_com(0x0c,1);//关闭游标
          }
          break;
    case 0x04:
          if(flag)
```

```
                    {
                        flag = 0;
                        p = 0;
                        write_com(0x0c,1);//关闭游标
                        set_ds1302(time);
                    }
                break;
        default:
                break;
        }
    }
}
```

（2）lcd1602. c

```c
#include <msp430x24x. h>
#define u8 unsigned char
#define u16 unsigned int
#define busy 0x80
#define l_rs P2OUT& = ~BIT0;
#define h_rs P2OUT| = BIT0;
#define l_rw P2OUT& = ~BIT1;
#define h_rw P2OUT| = BIT1;
#define l_en P2OUT& = ~BIT2;
#define h_en P2OUT| = BIT2;
void delay(u16 z)
{
    u16 y;
    while(z--)
        for(y=0;y<80;y++);
}
void wait_en(void)
{
    P1DIR& = 0x00;//P1 端口输入
    l_rs;
    h_rw;
    delay(10);
```

```
    h_en;
    delay(10);
    while((P1IN&busy)!=0);//检测忙标志
    l_en;
    P1DIR|=0xff;//将 P1 端口切换为输出状态
}
void write_com(u8 com,u8 chk)
{
    if(chk)
        wait_en();//检测忙信号
    l_rs;
    l_rw;
    delay(10);
    P1OUT=com;//将命令字写入数据端口
    delay(10);
    h_en;//产生使能脉冲信号
    delay(10);
    l_en;
}
void write_dat(u8 dat)
{
    wait_en();//检测忙信号
    h_rs;
    l_rw;
    delay(10);
    P1OUT=dat;
    delay(10);
    h_en;//产生使能脉冲信号
    delay(10);
    l_en;
}
void init_lcd(void)
{
    P2DIR|=0x07;
```

```c
    P1DIR |= 0xff;
    write_com(0x38,0);
    delay(15);
    write_com(0x38,0);
    delay(15);
    write_com(0x38,0);
    delay(15);
    write_com(0x38,1);
    delay(15);
    write_com(0x08,1);
    delay(15);
    write_com(0x01,1);
    delay(15);
    write_com(0x06,1);
    delay(15);
    write_com(0x0c,1);
    delay(15);
}
void locatexy(u8 x,u8 y)
{
    u8 temp;
    temp = x&0x0f;
    y& = 0x01;
    if(y)
        temp |= 0x40;
    temp |= 0x80;
    write_com(temp,1);
}
void displchar(u8 x,u8 y,u8 data)
{
    locatexy(x,y);
    write_dat(data);
}
void dispstr(u8 x,u8 y,u8  *ptr)
```

```
{
    u8  * temp;
    u8 i,n=0;
    temp=ptr;
    while( * ptr++!='\0')
        n++;//计算字符串有效字符的个数
    for(i=0;i<n;i++)
    {
        displchar(x++,y,temp[i]);
        if(x==0x0f)
        {
            x=0;
            y^=1;
        }
    }
}
void dispnchar(u8 x,u8 y,u8 n,u8 * ptr)
{
    u8 i;
    for(i=0;i<n;i++)
    {
        displchar(x++,y,ptr[i]);
        if(x==0x0f)
        {
            x=0;
            y^=1;
        }
    }
}
```

（3）ds1302.c

```
#include <msp430x24x.h>
#define u8 unsigned char
#define u16 unsigned int
#define l_rst P4OUT&=~BIT0
```

```
#define h_rst P4OUT|=BIT0
#define l_scl P4OUT&=~BIT1
#define h_scl P4OUT|=BIT1
#define l_sda P4OUT&=~BIT2
#define h_sda P4OUT|=BIT2
#define sda_bit P4IN&BIT2
void delay1(u16 i)
{
    u16 j;
    for(j=0;j<i;j++)
        _NOP();
}
void init_ds1302(void)
{
    P4DIR|=BIT0;//RST 对应的 P40 为输出
    P4DIR|=BIT1;//SCLK 对应的 P41 为输出
    l_scl;//SCLK=0
    l_rst;//RST=0
    delay1(10);
    h_scl;//SCLK=1
}
//写 1 个字节的数据
void write_1byte(u8 dat)
{
    u8 i;
    P4DIR|=BIT2;//SDA 对应的 I/O 为输出
    h_rst;//REST=1;
    for(i=8;i>0;i--)
    {
        if(dat&0x01)
            h_sda;
        else
            l_sda;
        l_scl;
```

```
        delay1(10);

        h_scl;

        delay1(10);

        dat>>=1;

    }

}
```

//读 1 个字节的数据

```
u8 read_1byte(void)

{

    u8 i,dat1=0x00;

    P4DIR&=~BIT2;//SDA 对应的 I/O 为输入

    h_rst;//REST=1;

    for(i=8;i>0;i--)

    {

        h_scl;

        delay1(10);

        l_scl;

        delay1(10);

        dat1>>=1;

        if(sda_bit)

            dat1|=0x80;

    }

    return(dat1);

}
```

//写数据

```
void write_dat1302(u8 addr, u8 dat2)

{

    l_rst;

    l_scl;

    _NOP();

    h_rst;

    write_1byte(addr);

    write_1byte(dat2);

    h_scl;
```

```
    l_rst;
}
//读数据
u8 read_dat1302(u8 addr)
{
    u8 dat3;
    l_rst;
    l_scl;
    _NOP();
    h_rst;
    write_1byte(addr);
    dat3=read_1byte();
    h_scl;
    l_rst;
    return(dat3);
}
//写多字节数据:7个数据(BCD格式)+1个控制
void write_ds1302(u8 * ptr)
{
    u8 i;
    write_dat1302(0x8e,0x00);//允许写入
    l_rst;
    l_scl;
    _NOP();
    h_rst;
    write_1byte(0xbe);//0xbe为时钟多字节写入命令
    for(i=8;i>0;i--)
    {
        write_1byte( * ptr++);
    }
    h_scl;
    l_rst;
    write_dat1302(0x8e,0x80);//禁止写入
}
```

//读多字节数据

```
void read_ds1302( u8  * ptr)
{
    u8 i;
    l_rst;
    l_scl;
    _NOP( );
    h_rst;
    write_1byte(0xbf);//0xbf 为时钟多字节读命令
    for( i=8;i>0;i--)
    {
        * ptr++=read_1byte( );
    }
    h_scl;
    l_rst;
}
```

//写 RAM 多字节数据

```
void write_ram1302( u8  * ptr)
{
    u8 i;
    write_dat1302(0x8e,0x00);//允许写入
    l_rst;
    l_scl;
    _NOP( );
    h_rst;
    write_1byte(0xfe);//0xfe 为 RAM 多字节写命令
    for( i=31;i>0;i--)//RAM 共有 31 个字节
    {
        write_1byte( * ptr++);
    }
    h_scl;
    l_rst;
    write_dat1302(0x8e,0x80);//禁止写入
}
```

```
//读RAM多字节数据
void read_ram1302(u8 * ptr)
{
    u8 i;
    l_rst;
    l_scl;
    _NOP();
    h_rst;
    write_1byte(0xff);//0xff为RAM多字节读命令
    for(i=31;i>0;i--)
    {
        * ptr++=read_1byte();
    }
    h_scl;
    l_rst;
}
//设置时间
void set_ds1302(u8 * ptr)
{
    u8 i,addr=0x80;
    write_dat1302(0x8e,0x00);//允许写入
    for(i=7;i>0;i--)
    {
        write_dat1302(addr, * ptr++);
        addr+=2;
    }
    write_dat1302(0x8e,0x80);//禁止写入
}
//读取当前时间
void get_ds1302(u8 * ptr)
{
    u8 i,addr=0x81;
    for(i=0;i<7;i++)
```

```
    {
      ptr[i] = read_dat1302(addr);//秒分时日月星期年
      addr+=2;
    }
}
```

（4）key. c

```
#include <msp430x24x. h>
#define u8 unsigned char
#define u16 unsigned int
#define keyin (P3IN&0x0f)
void delay_10ms( )
{
  u16 y,z=10;
  while(z--)
    for(y=0;y<80;y++);
}
u8 key_four(void)
{
  u8 temp,key;
  if(keyin! =0x0f)
  {
    delay_10ms( );
    key=0;
    if(keyin! =0x0f)
    {
      temp=keyin;
      while(keyin! =0x0f);
      switch(temp)
      {
        case 0x0e:key=1;break;
        case 0x0d:key=2;break;
        case 0x0b:key=3;break;
        case 0x07:key=4;break;
        default:key=0;break;
      }
    }
  }
```

```
    else
        key = 0;
    return key;
}
```

4. 仿真结果与分析

运行仿真后,在 LCD1602 液晶显示器第一行显示年、月、日和星期,第二行显示时、分、秒。另外,还可以通过四个按键进行功能设置,其中按设置键进入设置模式,可以选择更改参数的位置;按改变键单方向增加数值;按还原键放弃当前修改,回到正常运行模式;按确认键保存当前数值,并回到正常运行模式。

五、思考题

1. 利用 DS1302 和数码管设计时钟,编写相应程序。

2. 在思考题 1 中加入按键,对时钟进行调时。

实训十二　A/D 转换器的应用

一、实训目的

1. 了解 MSP430 的 ADC 应用电路。

2. 掌握 MSP430 的 ADC 控制寄存器。

3. 学会使用 MSP430 的 ADC 编程方法。

二、实训原理

A/D 转换器(analog-to-digital converter,ADC),它能把模拟量转换成相应的数字量。

1. ADC 控制寄存器

ADC 控制寄存器说明如表 12.1 所示。

表 12.1　ADC 控制寄存器说明

序号	地址	寄存器符号	寄存器名称
1	01A0H	ADC12CTL0	转换控制寄存器 0
2	01A2H	ADC12CTL1	转换控制寄存器 1
3	01A4H	ADC12IFG	中断标志寄存器
4	01A6H	ADC12IE	中断使能寄存器
5	01A8H	ADC12IV	中断向量寄存器
6	0140H	ADC12MCTL0	存储控制寄存器 0
…	…	…	…
21	015EH	ADC12MCTL15	存储控制寄存器 15
22	080H	ADC12MEM0	转换结果存储寄存器 0
…	…	…	…
37	08FH	ADC12MEM15	转换结果存储寄存器 15

(1)ADC12 控制寄存器 0(ADC12CTL0),每个寄存器的格式如表 12.2 所示。

表 12.2　ADC12 控制寄存器 0

15	14	13	12	11	10	9	8	7	6
SHT1x				SHT0x				MSC	REF2.5V
5		4		3		2		1	0
REFON		ADC12ON		ADC12OVIE		ADC12TVIE		ENC	ADC12SC

SHT1x:x 取值 0~3,定义 ADC12MEM8~ADC12MEM15 的采样保持时间。

SHT0x:x 取值 0~3,定义 ADC12MEM0~ADC12MEM7 的采样保持时间。

SHT00、SHT03 的采样周期如表 12.3 所示。

表 12.3　采样周期

xxxx	周期	宏定义	xxxx	周期	宏定义
0000	4	SHT0_0	1000	256	SHT0_8
0001	8	SHT0_1	1001	384	SHT0_9
0010	16	SHT0_2	1010	512	SHT0_10
0011	32	SHT0_3	1011	768	SHT0_11
0100	64	SHT0_4	1100	1 024	SHT0_12
0101	96	SHT0_5	1101	1 024	SHT0_13
0110	128	SHT0_6	1110	1 024	SHT0_14
0111	192	SHT0_7	1111	1 024	SHT0_15

MSC:多次采样转换位,序列通道或单通道多次转换模式有效。置 0 表示每次采样转换过程需要 SHI 信号的上升沿来触发。置 1 表示 SHI 信号的第一个上升沿触发采样定时器,但随后的采样转换在上次转换完后自动进行。

REF2.5V:内部参考电压的电压值选择位,置 0 时选择 1.5 V 内部参考电压;置 1 时选择 2.5 V 内部参考电压。

REFON:参考电压控制,置 0 时内部参考电压发生器关闭;置 1 时内部参考电压发生器打开。

ADC12ON:ADC12 内核控制位,置 0 时关闭 ADC12 内核;置 1 时打开 ADC12 内核。

ADC12OVIE:溢出中断允许位,置 0 时溢出中断允许;置 1 时溢出中断禁止。

当 ADC12MEMx 中原有的数据还没有被读出,而又有新的转换结果数据要写入时,则会发生溢出。如果相应的中断允许,则会发生中断请求。

ADC12TVIE:转换时间溢出中断允许位,置 0 时未发生转换时间溢出;置 1 时发生转换时间溢出。当前转换还没有完成时,如果又发生一次采样请求,则会发生转换时间溢出。如果允许中断,则会发生中断请求。

ENC:转换允许位,置 0 时转换禁止;置 1 时转换允许。只有在该位为高电平时,才能用软件或外部信号启动转换。

ADC12SC:启动转换控制位,置 0 时不进行采样转换,置 1 时启动采样转换。

(2)ADC12 控制寄存器 1(ADC12CTL1),寄存器格式如表 12.4 所示。

表 12.4　ADC12 控制寄存器 1

15	14	13	12	11	10	9	8
CSTARTADDx				SHSx		SHP	ISSH
7	6	5	4	3	2	1	0
ADC12DIVx		ADC12SSELx		CONSEQx		ADC12BUSY	

CSTARTADDx:x 取值 0~3,指定转换结果存放的存储器起始地址,该 4 位表示的二进制数 0~15 分别对应 ADC12MEM0~ADC12MEM15,该 4 位定义了单次转换地址或序列转换的首地址。

SHSx:x 取值 0、1,采样保持的信号源选择位,如表 12.5 所示。

表 12.5　信号源选择位

序号	xx	信号源
1	00	ADC12SC
2	01	Timer_A.OUT1
3	10	Timer_B.OUT0
4	11	Timer_B.OUT1

SHP:采样信号(SAMPCON)选择控制位,置 0 时 SAMPCON 信号来自采样触发输入信号,置 1 时 SAMPCON 信号来自采样定时器。

ISSH:采样输入信号方向控制位,置 0 时采样输入信号为同向输入,置 1 时采样输入信号为反向输入。

ADC12DIVx:x 取值 0~2,ADC12 时钟源分频因子选择位,如表 12.6 所示。

表 12.6　ADC12 时钟源分频因子选择位

xxx	分频	信号源
000	1	ADC12DIV_0
001	2	ADC12DIV_1
010	3	ADC12DIV_2
011	4	ADC12DIV_3
100	5	ADC12DIV_4
101	6	ADC12DIV_5
110	7	ADC12DIV_6
111	8	ADC12DIV_7

ADC12SSELx:x 取值 0、1,ADC12 时钟源选择位,如表 12.7 所示。

表 12.7 　ADC12 时钟源选择位

xx	时钟源	信号源
00	ADC12OSC	ADC12SSEL_0
01	ACLK	ADC12SSEL_1
10	MCLK	ADC12SSEL_2
11	SMCLK	ADC12SSEL_3

CONSEQx:x 取值 0、1,ADC12 转换模式选择位,格式如表 12.8 所示。

表 12.8 　ADC12 转换模式选择位

xx	转换模式选择	信号源
00	单通道单次转换模式	CONSEQ_0
01	序列通道单次转换模式	CONSEQ_1
10	单通道多次转换模式	CONSEQ_2
11	序列通道多次转换模式	CONSEQ_3

ADC12BUSY:ADC12 忙标志位,置 0 时表示没有活动的操作,置 1 时表示 ADC12 正处于采样期间、转换期间或序列转换期间。

(3)转换结果存储寄存器共有 16 个,ADC12MEM0~ADC12MEM15,每个寄存器格式如表 12.9 所示。

表 12.9 　ADC12 转换结果存储寄存器

15	14	13	12	11~0
0	0	0	0	MSB~LSB

(4)ADC12 存储控制寄存器共有 16 个,ADC12MCTL0~ADC12MCTL15,这 16 个寄存器的格式都相同,每个寄存器的格式如表 12.10 所示。

表 12.10 　ADC12 存储控制寄存器

7	6	5	4	3	2	1	0
EOS		SREFx			INCHx		

EOS:序列结束控制位,置 0 时序列没有结束,置 1 时为此序列中最后一次转换。

SREFx:x 取值 0~2,参考电压源选择位,如表 12.11 所示。

表 12.11 　参考电压源选择位

xxx	VR+	VR-	宏定义
000	AVCC	AVSS	SREF_0
001	VREF+	AVSS	SREF_1

续表

xxx	VR+	VR-	宏定义
010	VeREF+	AVSS	SREF_2
011	VeREF+	AVSS	SREF_3
100	AVCC	VREF-/VeREF-	SREF_4
101	VREF+	VREF-/VeREF-	SREF_5
110	VeREF+	VREF-/VeREF-	SREF_6
111	VeREF+	VREF-/VeREF-	SREF_7

INCHx:x 取值 0~3,输入通道选择位,如表 12.12 所示。

表 12.12　输入通道选择位

xxxx	输入通道	宏定义	xxxx	输入通道	宏定义
0000	A0	INCH_0	0110	A6	INCH_6
0001	A1	INCH_1	0111	A7	INCH_7
0010	A2	INCH_2	1000	VeREF+	INCH_8
0011	A3	INCH_3	1001	VREF-/VeREF-	INCH_9
0100	A4	INCH_4	1010	片内温度传感器	INCH_10
0101	A5	INCH_5	1011~1111	(AVCC-AVSS)/2	INCH_11~ INCH_15

(5)ADC12 中断使能寄存器(ADC12IE),每个寄存器的格式如表 12.13 所示。

表 12.13　ADC12 中断使能寄存器

15	14	13~2	1	0
IE15	IE14	IE13~IE2	IE1	IE0

(6)ADC12 中断标志寄存器(ADC12IFG),每个寄存器的格式如表 12.14 所示。

表 12.14　ADC12 中断标志寄存器

15	14	13~2	1	0
IFG15	IFG14	IFG13~IFG2	IFG1	IFG0

(7)ADC12 中断向量寄存器(ADC12IV),如表 12.15 所示。

表 12.15　ADC12 中断向量寄存器

15~6	5~1	0
全部为 0	ADC12IV 的值	0

ADC12 是一个多源中断,有 18 个中断标志 ADC12IFG0~ADC12IFG15、ADC12TOV、ADC12OV,但只有一个向量,如表 12.16 所示。

表 12.16　ADC12 中断向量寄存器的选择

值	中断源	中断标志	优先级
000H	无中断	无	
002H	ADC12MEMx 溢出	无	
004H	转换时间溢出	无	
006H	ADC12MEM0 中断标志	ADC12IFG0	
008H	ADC12MEM1 中断标志	ADC12IFG1	
00AH	ADC12MEM2 中断标志	ADC12IFG2	
00CH	ADC12MEM3 中断标志	ADC12IFG3	
00EH	ADC12MEM4 中断标志	ADC12IFG4	高
010H	ADC12MEM5 中断标志	ADC12IFG5	
012H	ADC12MEM6 中断标志	ADC12IFG6	
014H	ADC12MEM7 中断标志	ADC12IFG7	
016H	ADC12MEM8 中断标志	ADC12IFG8	
018H	ADC12MEM9 中断标志	ADC12IFG9	
01AH	ADC12MEM10 中断标志	ADC12IFG10	低
01CH	ADC12MEM11 中断标志	ADC12IFG11	
01EH	ADC12MEM12 中断标志	ADC12IFG12	
020H	ADC12MEM13 中断标志	ADC12IFG13	
022H	ADC12MEM14 中断标志	ADC12IFG14	
024H	ADC12MEM15 中断标志	ADC12IFG15	

三、硬件实训

1. 硬件电路

AD 输入电路图如图 12.1 所示。

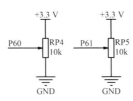

图 12.1　AD 输入电路图

电位器中间抽头(滑动过程),输出电压变化为 0~3.3 V 直流电压。

2. 设计要求

MSP430F149 芯片内的 ADC 对 P6.0 端口的电压进行转换,将模拟电压值显示在

LCD1602 液晶显示器上。调节电位器 RP4 的旋钮观察液晶显示器数字变化。

3. 程序设计

（1）主程序

```c
#include <msp430x14x.h>
#include "lcd1602.c"
#define u8 unsigned char
#define u16 unsigned int
u8 lcdtab[] = {"0123456789."};
u8 lcdtab1[] = {"The volt is:"};
static u16 results[32];
void convert(u16 dat)
{
    unsigned long temp;
    u16 volt;
    u8 i,j,k[4];
    temp=dat;
    temp=(temp<<5)+dat;
    temp=(temp<<3)+(temp<<1);
    volt=temp>>12;
    k[0]=volt/100;
    i=volt-(k[0]*100);
    k[2]=i/10;
    k[3]=i-(k[2]*10);
    k[1]=10;
    for(j=0;j<4;j++)
        displchar((6+j),1,lcdtab[k[j]]);
}
void main(void)
{
    WDTCTL=WDTPW+WDTHOLD;//关闭看门狗
    P1DIR=0xff;P1OUT=0xff;
    P2DIR=0xff;P2OUT=0xff;
    P3DIR=0xff;P3OUT=0xff;
    P4DIR=0xff;P4OUT=0xff;
```

```
    P5DIR－0xff;P5OUT＝0xff;
    P6DIR＝0xff;P6OUT＝0xff;
    P5DIR|＝BIT5;P5OUT&＝~BIT5;
    P6DIR|＝BIT6;P6OUT&＝~BIT6;
    P6DIR|＝BIT5;P6OUT&＝~BIT5;
    init_lcd();
    dispnchar(2,0,12,lcdtab1);
    disp1char(11,1,'V');
    P6SEL|＝0x01;//选 ADC
    ADC12CTL0＝ADC12ON+SHT0_8+MSC;
    ADC12CTL1＝SHP+CONSEQ_2;
    ADC12IE＝0x01;//使能 ADC 中断
    ADC12CTL0|＝ENC;//使能转换
    ADC12CTL0|＝ADC12SC;//开始转换
    _EINT();
    LPM0;
}
#pragma vector＝ADC_VECTOR
_interrupt void ADC12ISR(void)
{
    static u16 x＝0;
    results[x++]＝ADC12MEM0;
    if(x＝＝32)
    {
        u8 i;
        unsigned long sum＝0;
        x＝0;
        for(i＝0;i<32;i++)
        {
            sum+＝results[i];
        }
        sum>>＝5;//除以 32
        convert(sum);
    }
}
```

（2）lcd1602. c

```c
#include <msp430x14x. h>
#define u8 unsigned char
#define u16 unsigned int
#define busy 0x80
#define l_rs P3OUT& = ~BIT0;
#define h_rs P3OUT| = BIT0;
#define l_rw P3OUT& = ~BIT1;
#define h_rw P3OUT| = BIT1;
#define l_en P3OUT& = ~BIT2;
#define h_en P3OUT| = BIT2;
void delay(u16 z)
{
    u16 y;
    while(z--)
        for(y=0;y<80;y++);
}
void wait_en(void)
{
    P4DIR& =0x00;//P4 端口输入
    l_rs;
    h_rw;
    _NOP();
    h_en;
    _NOP();
    _NOP();
    while((P4IN&busy)! =0);//检测忙标志
    l_en;
    P4DIR| =0xff;//将 P4 端口切换为输出状态
}
void write_com(u8 com,u8 chk)
{
    if(chk)
```

```
    wait_en();//检测忙信号
  l_rs;
  l_rw;
  _NOP();
  P4OUT=com;//将命令字写入数据端口
  _NOP();
  h_en;//产生使能脉冲信号
  _NOP();
  _NOP();
  l_en;
}
void write_dat(u8 dat)
{
  wait_en();//检测忙信号
  h_rs;
  l_rw;
  _NOP();
  P4OUT=dat;
  _NOP();
  h_en;//产生使能脉冲信号
  _NOP();
  _NOP();
  l_en;
}
void init_lcd(void)
{
  P3DIR|=0x07;
  P4DIR=0xff;
  write_com(0x38,0);
  delay(500);
  write_com(0x38,0);
  delay(500);
  write_com(0x38,0);
  delay(500);
```

```
    write_com(0x38,1);

    write_com(0x08,1);

    write_com(0x01,1);

    write_com(0x06,1);

    write_com(0x0c,1);

}

void locatexy(u8 x,u8 y)

{

    u8 temp;

    temp=x&0x0f;

    y&=0x01;

    if(y)

        temp|=0x40;

    temp|=0x80;

    write_com(temp,1);

}

void disp1char(u8 x,u8 y,u8 data)

{

    locatexy(x,y);

    write_dat(data);

}

void dispstr(u8 x,u8 y,u8 * ptr)

{

    u8 * temp;

    u8 i,n=0;

    temp=ptr;

    while( * ptr++!='\0')

        n++;//计算字符串有效字符的个数

    for(i=0;i<n;i++)

    {

        disp1char(x++,y,temp[i]);

        if(x==0x0f)

        {

            x=0;
```

```
        yˆ=1;
      }
    }
}
void dispnchar( u8 x,u8 y,u8 n,u8 ∗ ptr)
{
  u8 i;
  for( i=0;i<n;i++)
  {
    disp1char( x++,y,ptr[ i]);
    if( x= =0x0f)
    {
      x=0;
      yˆ=1;
    }
  }
}
```

4. 结果与分析

下载程序后,液晶显示器上显示电压值,电压值在 0~3.3 V 之间。

四、仿真实训

1. 设计要求

设计一个数字电压表,输入电压范围 0~2.5 V,用 4 位数码管显示(3 位小数)。A/D 转换器采用单通道单次转换模式,程序采用查询方式读取 A/D 转换值,然后进行量程转换和数码管动态显示。

2. 仿真电路

MSP430F249 单片机的内部包含 12 位 ADC 模块。A/D 转换参考电源采用内部 2.5 V 作为基准,AVSS 接地,VREF 接 10 μF 电容。外部被测电压+2.5 V 经电位器接入 A/D 转换器的 A0 通道。显示电路采用 4 位数码管模块动态显示,P4 端口为段码,P5 端口低 4 位为位码。此电路仅做功能仿真,实际显示电路需加适当的驱动电路。硬件电路如图 12.2 所示。

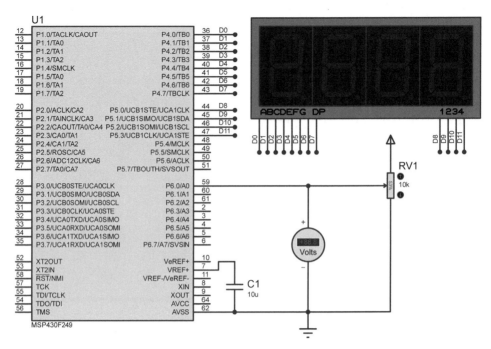

图 12.2　硬件电路图

A/D 转换器基本设置为允许 ADC12 内核工作,时钟源选用内部 ADC12OSC,使用内部参考电压 2.5 V,上限 VR+=VREF+,下限 VR-=AVSS,选择 A0 通道,使用采样定时器,采样保持时间为 4 个 ADC12CLK 周期。12 位 A/D 转换值为 0~4 095,量程转换公式为 ADC12MEM0×2 500/4 096。

3. 程序设计

```
#include "msp430x24x.h"
#define u8 unsigned char
#define u16 unsigned int
u8 sg[] = {0xc0,0xf9,0xa4,0xb0,0x99,0x92,0x82,0xf8,0x80,
          0x90,0x88,0x83,0xc6,0xa1,0x86,0x8e};//共阳极数码管段码
u8 pos[4] = {0x08,0x04,0x02,0x01};
u8 sg_buf[] = {0,0,0,0,0};
long dat;
void dat_to_buf(void)
{
  char i;
  for(i=0;i<4;i++)
  {
    sg_buf[i]=dat%10;
```

```
      dat = dat/10;
   }
}
void display(void)//扫描显示函数
{
   u8 i;
   u16 k;
   for(i=0;i<4;i++)
   {
      P4OUT = sg[sg_buf[i]];
      P5OUT = pos[i];
      if(i==3)
         P4OUT& = 0x7f;//小数点
      for(k=0;k<600;k++){}//延时
      P5OUT = 0x00;//关显示
   }
}
void main(void)
{
   volatile u16 i;
   WDTCTL = WDTPW+WDTHOLD;
   P4DIR = 0xff;
   P5DIR = 0xff;
   P6SEL| = 0x01;//A/D
   ADC12CTL0 = ADC12ON+REFON+REF2_5V;//参考电压 2.5 V
   ADC12CTL1 = SHP;//采样定时器
   ADC12MCTL0 = SREF_1;//A0 通道
   for(i=0;i<0x3600;i++);
   ADC12CTL0| = ENC;//允许转换
   while(1)
   {
      ADC12CTL0| = ADC12SC;//启动转换
      while((ADC12IFG&BIT0)==0);//查询方式,等待转换结果
      dat = (long)ADC12MEM0 * 2500/4096;
```

```
        dat_to_buf( );

        display( );

    }

}
```

4.仿真结果与分析

仿真时,会出现调节电位器电压表变化,数码管电压值不随之变化的现象。原因是仿真与硬件调试略有不同,Proteus 软件不能仿真 MSP430 单片机的硬件乘法器。仿真时在设置中去掉硬件乘法器便可以解决。在 " Options \ General OptionsTarget \ Hardware mutiplier" 中,将 Hardware mutiplier 的勾选去掉即可。

外部输入电压经电位器接入到 A0 采样通道,A/D 转换器的基准为内部 2.5 V 电压表显示 0.36 V,数码管显示 0.357 V,忽略误差,两者基本一致,可以认为 A/D 转换结果正确。多次调整电位器,观察数码管显示的电压值均符合实际所测电压值。

五、思考题

1.MSP430F149 芯片内的 ADC 对 P6.1 端口的电压进行转换,将模拟电压值显示在 LCD1602 液晶显示器上。

2.MSP430F149 芯片内的 ADC 对 P6.0 端口的电压进行转换,将模拟电压值显示在数码管上。

3.使用外部参考电压 3 V,A/D 采样转换 10 次,数据取算术平均值再显示,从而提高软件抗干扰能力。

4.设计 4 路电压信号输入,电压范围 0~5 V。MSP430 单片机 A0~A3 通道轮流采样转换,4 位 LED 数码管轮流显示 4 路电压值。

实训十三 D/A 转换器的应用

一、实训目的

1. 了解 D/A 转换器电路设计方法。

2. 掌握 D/A 转换器的驱动芯片工作方法。

3. 学会 D/A 转换器电路编程方法。

二、实训原理

D/A 转换器即数-模转换器(digital-to-analog converter,DAC)是一种能把数字信号转换成模拟信号的电子器件。DAC 按工作原理分为 T 形电阻网络、倒 T 形电阻网络、权电阻网络三种形式。

1. DAC5571 芯片简介

DAC5571 为 8 位数-模转换器,I2C 接口,电压输出,工作电压+2.7 V 到+5.5 V。它是一款低功耗、单通道、8 位缓冲电压输出 DAC,可实现片上精确输出摆动。DAC5571 使用 I2C 兼容的双线串行接口,其工作时钟速率高达 3.4 Mbps,在同一数据总线上最多支持两个 DAC5571 的地址。

引脚说明:

Vout 模拟电压输出端、GND 电源地、VDD 电源正极、SDA 串行数据输入、SCL 串行时钟、A0 地址选择端。

2. DAC0832 芯片简介

DAC0832 芯片由 8 位输入寄存器、8 位 D/A 转换寄存器、8 位 D/A 转换及控制电路三部分组成。DAC0832 芯片具备双缓冲、单缓冲和直通三种输入方式,以便适应各种需要,如要求多路 D/A 异步输入、同步转换等。D/A 转换结果采用电流形式输出,若需要相应的模拟电压信号,可通过一个高输入阻抗的线性运算放大器实现。运放的反馈电阻可通过 RFB 端引用片内固有电阻,也可外接。DAC0832 属于倒 T 形电阻网络 D/A 转换器,内部无运算放大器。

（1）DAC0832的主要技术指标

①分辨率8位。

②电流建立时间1μs。

③只需在满量程下调整其线性度。

④可单缓冲、双缓冲或直接数字输入。

⑤低功耗20 mW。

⑥单一电源+5～+15 V。

（2）引脚说明

D0～D7：数据输入线，TLL电平。

ILE：数据锁存允许控制信号输入线，高电平有效。

CS：片选信号输入线，低电平有效。

WR1：输入寄存器的写选通信号，低电平有效。

XFER：数据传送控制信号输入线，低电平有效。

WR2：D/A转换器寄存器写选通输入线，低电平有效。

IOUT1：电流输出线。当输入全为1时，IOUT1最大。

IOUT2：电流输出线。其值与OUT1之和为一常数。

RFB：反馈信号输入线，芯片内部有反馈电阻。

VCC：电源输入线（+5～+15 V）。

VREF：基准电压输入线（-10～+10 V）。

AGND：模拟地，模拟信号和基准电源的参考地。

DGND：数字地，两种地线在基准电源处共地比较好。

三、硬件实训

1. DAC5571硬件电路

DAC5571硬件电路如图13.1所示。

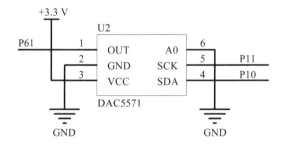

图13.1　硬件电路图

2.设计要求

利用 DAC5571 芯片编写程序实现按 P1.2 对应按键增加 D/A 转换器的输出电压,按 P1.3 对应按键减小 D/A 转换器输出电压。

3.程序设计

(1)主程序

```c
#include <msp430x14x.h>
#include "iic.c"
#define u8 unsigned char
#define u16 unsigned int
#define key (P1IN&0x0c)
void delay(u16 z)
{
    u16 y;
    while(z--)
        for(y=0;y<80;y++);
}
void main(void)
{
    u8 i=255,temp;
    P2DIR=0xff;P2OUT=0xff;
    P3DIR=0xff;P3OUT=0xff;
    P4DIR=0xff;P4OUT=0xff;
    P5DIR=0xff;P5OUT=0xff;
    P6DIR=0xff;P6OUT=0xff;
    WDTCTL=WDTPW+WDTHOLD;
    init_dac();
    write_dac(i);
    while(1)
    {
        if(key!=0x0c)
        {
            delay(10);
            if(key!=0x0c)
```

```
            {
                temp = P1IN&0x0c;
                while(key! = 0x0c);
                switch(temp)
                {
                    case 0x04:i=i-20;write_dac(i);break;
                    case 0x08:i=i+20;write_dac(i);break;
                    default: break;
                }
            }
        }
    }
}
```

（2）iic. c

```
#include <msp430x14x. h>
#define u8 unsigned char
#define u16 unsigned int
#define h_scl P1OUT| = BIT1
#define l_scl P1OUT& = ~BIT1
#define h_sda P1OUT| = BIT0
#define l_sda P1OUT& = ~BIT0
void delay1(u16 z)
{
    u16 y;
    while(z--)
        for(y=0;y<80;y++);
}
void init_dac(void)
{
    P1DIR| = BIT1+BIT0;
    h_scl;
    h_sda;
}
void start(void)
```

```
{
    h_scl;
    h_sda;
    delay1(10);
    l_sda;
    delay1(10);
    l_scl;
    delay1(10);
}
void stop(void)
{
    h_scl;
    l_sda;
    delay1(10);
    h_sda;
    delay1(10);
}
u8 ack(void)
{
    u8 sack;
    P1DIR& = ~ BIT0;
    h_scl;
    delay1(10);
    sack = P1IN&BIT0;//读入 SDA 数值
    l_scl;
    delay1(10);
    P1DIR| = BIT0;
    if(sack)
        return 0;
    else
        return 1;
}
```

```
void write1(void)
{
    h_sda;
    delay1(10);
    h_scl;
    delay1(10);
    l_scl;
    delay1(10);
}
void write0(void)
{
    l_sda;
    delay1(10);
    h_scl;
    delay1(10);
    l_scl;
    delay1(10);
}
void write_byte(u8 dat)
{
    u8 i;
    for(i=8;i>0;i--)
    {
        if(dat&0x80)
            write1();
        else
            write0();
        dat<<=1;
    }
}
u8 write_dac(u8 dat)
{
    start();
    write_byte(0x98);
```

```
if( ack( ) )
    write_byte( dat>>4) ;
else
    return 0;
if( ack( ) )
    write_byte( dat<<4) ;
else
    return 0;
if( ack( ) )
    stop( ) ;
else
    return 0;
return 1 ;
}
```

4. 结果与分析

可以通过万用表电压挡测量输出电压,也可通过外接 LED,观察 LED 亮暗变化。

四、仿真实训

1. 设计要求

利用 MSP430F249 和 DAC0832 为数-模转换器,设计一个简易波形发生器,分别产生锯齿波、三角波、方波和正弦波,周期均为 100 ms,产生的波形如图 13.2 所示。

图 13.2　锯齿波、三角波、方波和正弦波

2. 仿真电路

DAC0832 输出电流,通过 LM358 运算放大器转换成电压值,通过示波器查看输出波形,电路如图 13.3 所示。

LM358 是双运算放大器,包含 2 个高增益、频率补偿的运算放大器,可单电源使用,也可双电源使用。

LM358 引脚:OUTOUT1 为运算放大器 1 输出端,INPUT1-为运算放大器 1 反相输入端,INPUT1+为运算放大器 1 同相输入端,GND 为电源接地端,INPUT2+为运算放大器 2 同相输入端,INPUT2-为运算放大器 2 反相输入端,OUTOUT2 为运算放大器 2 输出端,VCC 为电源正端。

数-模转换器采用通用的 8 位 D/A 转换芯片 DAC0832,DAC0832 为直通方式工作,工作和参考电源均为+5 V。反相放大电路采用运算放大器 LM358N,工作电源为±12 V,反馈电阻直接采用 DAC0832 的内部电阻。MSP430F249 单片机 CPU 时钟选择 XT2 外接 8 MHz 晶振,单片机的 P4 端口作为数据输出口,输出的波形数据经 D/A 转换器转换,转换的结果由仿真软件的虚拟示波器直观显示出来。

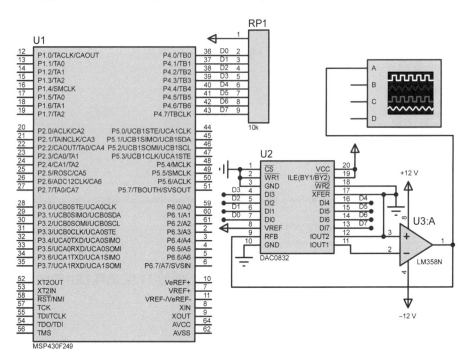

图 13.3 波形发生器仿真电路

3. 程序设计

```
#include <msp430x24x.h>
#define u8 unsigned char
#define u16 unsigned int
u8 sin_data[128] = {
0x7F,0x85,0x8B,0x92,0x98,0x9E,0xA4,0xAA,0xB0,0xB6,0xBB,0xC1,0xC6,0xCB,
0xD0,0xD5,0xD9,0xDD,0xE2,0xE5,0xE9,0xEC,0xEF,0xF2,0xF5,0xF7,0xF9,0xFB,
0xFC,0xFD,0xFE,0xFE,0xFE,0xFE,0xFE,0xFD,0xFC,0xFB,0xF9,0xF7,0xF5,0xF2,
0xEF,0xEC,0xE9,0xE5,0xE2,0xDD,0xD9,0xD5,0xD0,0xCB,0xC6,0xC1,0xBB,0xB6,
0xB0,0xAA,0xA4,0x9E,0x98,0x92,0x8B,0x85,0x7F,0x79,0x73,0x6C,0x66,0x60,0x5A,
0x54,0x4E,0x48,0x43,0x3D,0x38,0x33,0x2E,0x29,0x25,0x21,0x1C,0x19,0x15,0x12,
0x0F,0x0C,0x09,0x07,0x05,0x03,0x02,0x01,0x00,0x00,0x00,0x00,0x00,0x01,0x02,
0x03,0x05,0x07,0x09,0x0C,0x0F,0x12,0x15,0x19,0x1C,0x21,0x25,0x29,0x2E,0x33,
0x38,0x3D,0x43,0x48,0x4E,0x54,0x5A,0x60,0x66,0x6C,0x73,0x79};
void delay(u16 z)
```

```
{
    u16 y;
    while( z-- )
        for( y=0;y<80;y++) ;
}
void sawtooth_boxing( void )
{
    u8 i;
    for( i=0;i<255;i++)
    {
        P4OUT=i;
        delay( 5) ;
    }
}
void triangular_boxing( void )
{
    u8 i;
    for( i=0;i<255;i++)
    {
        P4OUT=i;
        delay( 3) ;
    }
    for( i=255;i>0;i--)
    {
        P4OUT=i;
        delay( 3) ;
    }
}
void square_boxing( void )
{
    P4OUT=0;
    delay( 750) ;
    P4OUT=255;
    delay( 750) ;
}
```

```
void sin_boxing(void)
{
u8 i;
for(i=0;i<128;i++)
    {
     P4OUT=sin_data[i];
    delay(10);
    }
}
void main(void)
{
  WDTCTL=WDTPW+WDTHOLD;
  BCSCTL1&=~XT2OFF;//打开 TX2
  do
  {
    IFG1&=~OFIFG;//清除标志
    delay(20);
  }
  while((IFG1&OFIFG)!=0);
  BCSCTL2|=SELM1;//使 MCLK=XT2
  P4DIR=0xff;
  while(1)
  {
    sawtooth_boxing();//锯齿波
    //triangular_boxing();//三角波
    //square_boxing();//方波
    //sin_boxing();//正弦波
  }
}
```

4. 仿真结果与分析

在 Proteus 软件里,将 MSP430F249 中的 MCLK 设置为 8 MHz。依次选择锯齿波、三角波、方波和正弦波进行仿真,运行后得到的仿真结果如图 13.4、13.5 所示。在该程序的基础上加入按键子程序,通过 4 个独立按键分别选择相应的波形输出,请读者自行分析并编写程序。

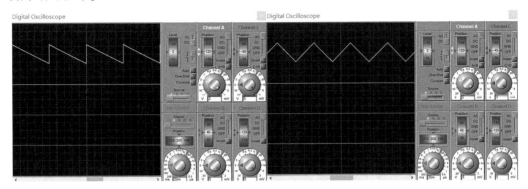

图 13.4　锯齿波和三角波

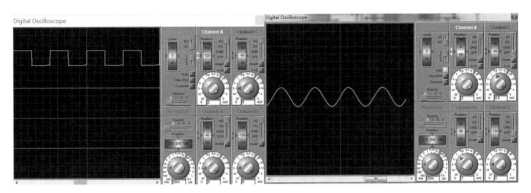

图 13.5　方波和正弦波

程序中的延时程序并不是很准确,如果需要高精度延时,可以利用软件 MSP430 编译器里的内部延时子程序来实现,方法如下:

将以下代码复制到".c"源文件中。

#define CPU_F ((double)8000000)是系统时钟为 8 MHz

#define delay_us(x)_delay_cycles((long)(CPU_F * (double)x/1000000.0))

#define delay_ms(x) _delay_cycles((long)(CPU_F * (double)x/1000.0))

在"#define CPU_F ((double)8000000)"语句中,将"8000000"修改成当前 MSP430 主频频率,即 CPU 的 MCLK,单位为 Hz。本例中的"8000000"为 MCLK = 8 MHz 的意思。_delay_cycles( )是系统函数。

五、思考题

1. 利用 MSP430 单片机和 DAC5571 芯片设计波形发生器。

2. 在波形发生器的基础上设计出正弦波信号输出,最大值±5 V,频率为 50 Hz。

实训十四　电动机驱动设计

一、实训目的

1. 了解电动机驱动工作原理。

2. 掌握电动机的驱动电路。

3. 学会电动机驱动编程方法。

二、实训原理

1. 直流电动机及驱动

直流电动机就是将直流电能转换为机械能的转动装置。小功率直流电动机驱动电路采用 H 桥电路。

L298 是一种高电压、大电流电动机驱动芯片。该芯片主要特点是工作电压高,最高工作电压可达 46 V;输出电流大,瞬间峰值电流可达 3 A,持续工作电流为 2 A,额定功率 25 W。

2. 步进电动机及驱动

步进电动机有二相、四相电动机。二相电动机工作方式有二相四拍和二相八拍。二相四拍的步距角为 1.8°,二相八拍的步距角为 0.9°。四相电动机工作方式有:四相四拍为 AB-BC-CD-DA-AB,步距角为 18°;四相八拍为 AB-B-BC-C-CD-D-DA-A-AB,步距角为 0.9°。

ULN2003 是高电压大电流达林顿晶体管阵列芯片。反相器输出,二极管钳位电路,每个单元驱动电流最大可达 500 mA。

3. 舵机

舵机是伺服马达的俗称,它是一种位置(角度)伺服的驱动器,适用于那些需要角度不断变化并可以保持的控制系统。

舵机常用的控制信号是一个周期为 20 ms,宽度为 0.5~2.5 ms 的脉冲信号。

三、硬件实训

1. 硬件电路

74LVC4245 八进制总线收发器带 3 态输出和 3.3 V 转 5 V 芯片。真值表如表 14.1 所示。

表 14.1　真值表

输入		数据传输
$\overline{OE}$	DIR	
0	0	数据从 B 输入到 A 输出
0	1	数据从 A 输入到 B 输出
1	x	高阻态

ULN2003 电动机驱动电路如图 14.1 所示。

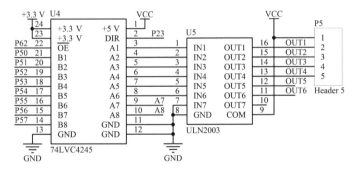

图 14.1　ULN2003 电动机驱动电路图

2. 设计要求

利用 ULN2003 芯片和步进电动机,编程实现步进电动机运行。

3. 程序设计

```
#include <msp430x14x. h>
#define u8 unsigned char
#define u16 unsigned int
u8 mtab[8] = {0xfe,0xfc,0xfd,0xf9,0xfb,0xf3,0xf7,0xf6};
void delay(u16 z)
{
  u16 y;
```

```
    while(z--)
        for(y=0;y<80;y++);
}
void main(void)
{
    u8 i;
    WDTCTL=WDTPW+WDTHOLD;
    P5DIR=0xff;
    while(1)
    {
        for(i=0;i<8;i++)
        {
            P5OUT=mtab[i];
            delay(50);
        }
    }
}
```

4.结果与分析

步进电动机选用直流 5 V(型号为 28BYJ-48),并且自带减速器的五线四相单极性,一般红色是 VCC、蓝色是 A 相、粉色是 B 相、黄色是 C 相、橙色是 D 相。

四、仿真实训

1.设计要求

(1)设计一个能控制直流电动机正反转的调速电路,采用 PWM 方式调速,有加减速按键、启动停止按键和方向选择键。

(2)设计一个舵机控制电路,能够启动、停止、增加或减少转角和回零。

2.仿真电路

(1)直流电动机电路

仿真电路如图 14.2 所示。

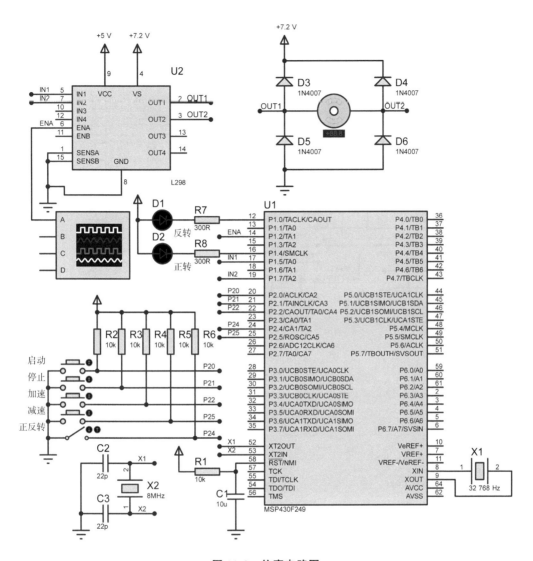

图 14.2　仿真电路图

（2）舵机电路

要精确控制 PWM 脉冲宽度，单片机选用外部晶振 XT2（8 MHz）。设置 5 个按键分别为启动、停止、加速、减速和回零。硬件电路如图 14.3 所示。

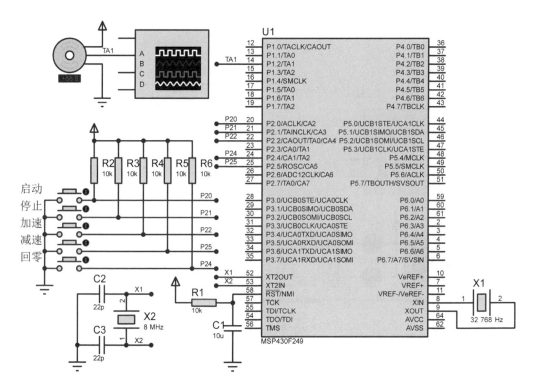

图 14.3　舵机硬件电路图

3. 程序设计

（1）程序 1

```
#include <msp430x24x.h>
#define u8 unsigned char
#define u16 unsigned int
#define key1 0x01
#define key2 0x02
#define key3 0x03
#define key4 0x04
u8 key_value;
u16 a = 10000;  //初值,占空比50%
void delay(u16 z)
{
  u16 y;
  while(z--)
    for(y = 0;y<80;y++);
}
```

```
void key1_check(void)//启动
{
  P1SEL|=0x04;
  TACTL=TASSEL_2+MC_1;//SMCLK,增计数模式
}
void key2_check(void)//停止
{
  P1SEL=0x00;
  TACTL=MC_0;
  P1OUT&=~BIT2;
}
void key3_check(void)//加速
{
  a+=1000;
  if(a>=20000)
    a=20000;
}
void key4_check(void)//减速
{
  a-=1000;
  if(a<=0) a=0;
}
void main(void)
{
  WDTCTL=WDTPW+WDTHOLD;
  BCSCTL2=SELS;
  P1DIR=0xff;
  CCR0=20000;
  CCTL1=OUTMOD_7;//CCR1 复位/置位
  CCR1=a;
  TACTL=TASSEL_2+MC_1;//SMCLK,增计数模式
  P2IE=0x27;
  P2IES=0x27;//P2.0~P2.3 下降沿触发中断
  P2IFG=0x00;//P2.0~P2.3 中断标志位清除
```

```
_EINT();
while(1)
{
    if(P2IN&BIT4)
    {
        P1OUT& = ~(BIT4+BIT7);//正转
        P1OUT| = BIT0+BIT5;
    }
    else
    {
        P1OUT& = ~(BIT0+BIT5);//反转
        P1OUT| = BIT4+BIT7;
    }
    CCR1 = a;
    delay(2);
    if(0xff! = (P2IN&0xd8))  //是否有键存在
    {
        while(0xff! = (P2IN|0xd8));//一直等待按键松开
    }
    else
        key_value = 0x00;
    switch(key_value)
    {
        case key_1:key1_check();break;
        case key_2:key2_check();break;
        case key_3:key3_check();break;
        case key_4:key4_check();break;
        default:break;
    }
    key_value = 0x00;
    P2IE = 0x27;
    P2IFG = 0x0;
}
}
```

```
#pragma vector=PORT2_VECTOR
_interrupt void PORT2(void)
{
    switch(P2IFG)
    {
        case 0x01:key_value=0x01;break;
        case 0x02:key_value=0x02;break;
        case 0x04:key_value=0x03;break;
        case 0x20:key_value=0x04;break;
        default:P2IFG=0x0;break;
    }
    P2IFG=0x0;
}
```

（2）程序2

```
#include <msp430x24x.h>
#define u8 unsigned char
#define u16 unsigned int
#define key1 0x01
#define key2 0x02
#define key3 0x03
#define key4 0x04
#define key5 0x05
u8 key_value;
u16 a=1500;  //初值,占空比7.5%
void delay(u16 z)
{
    u16 y;
    while(z--)
        for(y=0;y<80;y++);
}
void key1_check(void)//启动
{
    P1SEL|=0x04;
    TACTL=TASSEL_2+MC_1;//SMCLK,增计数模式
}
```

```
void key2_check(void)//停止
{
    P1SEL=0x00;
    TACTL=MC_0;
    P1OUT&=~BIT2;
}
void key3_check(void)//加速
{
    a+=100;
    if(a>=2500)
a=2500;
}
void key4_check(void)//减速
{
    a-=100;
    if(a<=500)
a=500;
}
void key5_check(void)//回零
{
    a=1500;
}
void main(void)
{
    WDTCTL=WDTPW+WDTHOLD;
    BCSCTL2=SELS+DIVS0+DIVS1;
    P1DIR=0xff;
    P1OUT&=~BIT2;
    CCR0=20000;
    CCTL1=OUTMOD_7;
    CCR1=a;
    TACTL=TASSEL_2+MC_1;
    P2IE=0x37;
```

```
        P2IES = 0x37;
        P2IFG = 0x00;
        _EINT();
        while(1)
        {
            CCR1 = a;
            delay(2);
            if(0xff! = (P2IN&0xc8))
            {
                while(0xff! = (P2IN|0xc8));
            }
            else
                key_value = 0x00;
            switch(key_value)
            {
                case key1:key1_check();break;
                case key2:key2_check();break;
                case key3:key3_check();break;
                case key4:key4_check();break;
                case key5:key5_check();break;
                default:break;
            }
            key_value = 0x00;
            P2IE = 0x37;
            P2IFG = 0x0;
        }
}
#pragma vector = PORT2_VECTOR
_interrupt void PORT2(void)
{
    switch(P2IFG)
        {
            case 0x01:key_value = 0x01;break;
            case 0x02:key_value = 0x02;break;
```

```
        case 0x04:key_value=0x03;break;
        case 0x20:key_value=0x04;break;
        case 0x10:key_value=0x05;break;
        default:P2IFG=0x0;break;
    }
  P2IFG=0x0;
}
```

4.仿真结果与分析

SMCLK 设置为 8 MHz,运行仿真后,按下相应的按键,电动机运行。注意:电路仿真与实物运行有所不同,仿真时电动机加速过程较慢,启动后要多等一会儿,等电动机加速结束、运行稳定后,再进行加速或减速控制。可以通过示波器观察 PWM 周期和占空比。

五、思考题

1.编写程序实现步进电动机启动时,转速由慢到快逐步加速。

2.编写程序实现步进电动机匀速运行。

3.编写程序实现步进电动机由快到慢逐步减速到停止。

4.编写程序实现直流电动机的控制。

实训十五　继电器及蜂鸣器的应用

一、实训目的

1. 学会继电器应用电路设计。

2. 学会蜂鸣器应用电路设计。

3. 掌握继电器、蜂鸣器程序设计方法。

二、实训原理

在 MSP430 单片机中,一个时钟周期＝MCLK 晶振的倒数。如果 MCLK 是 8 MHz,则一个时钟周期为 1/8 μs。

一个机器周期＝一个时钟周期,即 MSP430 每个动作都能完成一个基本操作。

一个指令周期＝1~6 个机器周期,具体根据具体指令而定。另外,指令长度只是一个存储单位,与时间没有必然的关系。

1. MSP430 单片机的时钟模块

(1)时钟

辅助时钟 ACLK、主时钟 MCLK、子系统时钟 SMCLK。

(2)振荡器

低频时钟源 LFXT1、高频时钟源 XT2、数字控制 RC 振荡器(DCO)。

(3)振荡器振荡产生时钟

①ACLK:是 LFXT1CLK 信号经 1/2/4/8 分频后得到的,主要用作低速外围的时钟。

②MCLK:是 LFXT1CLK、XT2CLK、DCOCLK 中之一决定的,由软件选择,然后经 1/2/4/8 分频后得到,主要用于 CPU 和系统。

③SMCLK:可由 LFXT1CLK 和 DCOCLK,或者 XT2CLK 与 DCOCLK 决定,然后经 1/2/4/8 分频后得到,主要用于高速外围模块。

(4)MSP430 的时钟模块

DCOCTL:控制 DCO 振荡器。

BCSCTL1:控制 XT2、LFXT1、DCO 振荡,并控制 ACLK 的分频。

BCSCTL2:设置三个时钟源分别选择什么振荡器。

PUC 信号后,系统选择内部电阻以实现频率的输出。RSELx = 4 与 DCOx = 3,开始时使 DCO 有一个适中的频率。MCLK 与 SMCLK 的时钟信号全部来自 DCO,约为 800 kHz。PUC 信号后,将 LFXT1 设置到 LF 模式(XTS = 0),并且关断 HF 模式(XTS = 1)、关断 XT2 振荡器。

2. 寄存器

(1)DCOCTL:DCO 控制寄存器,地址为 56H,初始值为 60H,各位定义如表 15.1 所示。

表 15.1 DCO 控制寄存器

7	6	5	4	3	2	1	0
DCO2	DCO1	DCO0	MOD4	MOD3	MOD2	MOD1	MOD0

DCO2~DCO0:DCO 选择位。定义了 8 种频率之一,而频率由注入直流发生器的电流定义。

其中,DCO 频率的设置是通过设置 DCOCTL 和 BCSCTL1 实现的。DCO 的调节,设置 DCOx 比特来选择是外部电阻还是内部电阻,以确定一个基准频率。

①通过 BCSCTL1 寄存器的 RSELx 来进行分频,确定时钟频率。

②通过 DCOCTL 寄存器的 DCOx 在标称频率基础上分段粗调,选择频率。

③通过 DCOCTL 寄存器的 MODx 的值对频率进行细调,选择 DCOx 与 DCOx+1 之间的频率。

注意:DCO 工作在最高频率时,内部电阻正常值大约为 200 kΩ,此时 DCO 的工作频率大约为 5 MHz。

如,DCOCTL 初始值为 60H,即 DCOCTL| = DCO1+DCO2。最大 DCO 为 DCOCTL| = DCO0+DCO1+DCO2。

MOD4 ~ MOD0:调制位,频率的微调一般保持默认即可。在系统默认情况下,RSELx = 4。

(2)BCSCTL1(ACLK):基本时钟系统控制 1,地址为 58H,初始值为 84H,各位定义如表 15.2 所示。

表 15.2 BCSCTL1 寄存器

7	6	5	4	3	2	1	0
XT2OFF	XTS	DIVA1	DIVA0	XT5V	RSEL2	RSEL1	RSEL0

XT2OFF:控制 XT2 振荡器的开启(XT2OFF = 0)与关闭(XT2OFF = 1)。

XTS:选择 LFXT1 在低频晶体模式(XTS = 0)还是高频晶体模式(XTS = 1)。

DIVA1~DIVA0:选择 ACLK 的分频系数。DIVA = 0,1,2,3(DIVA_0,DIVA_1,…),

ACLK 的分频系数分别为 1,2,4,8。

XT5V:1,该比特未用,必须选择复位。

RSEL2~RSEL0:选择某个内部电阻以决定标称频率(0 最低,7 最高)。

如,BCSCTL1|= RSEL0 + RSEL1 + RSEL2;// XT2 开,最大为 RSEL。

选择 ACLK 的分频系数,DIVA = 0,1,2,3,ACLK 的分频系数分别为 1,2,4,8。

如,BCSCTL1|=DIVA_2;//对 ACLK 进行 2 分频。

(3)BCSCTL2(SMCLK,MCLK):基本时钟系统控制 2,地址为 58H,初始值为 00H,各位定义如表 15.3 所示。

表 15.3　BCSCTL2 控制寄存器

7	6	5	4	3	2	1	0
SELM1	SELM0	DIVM1	DIVM0	SELS	DIVS1	DIVS0	DCOR

SELM1~SELM0:选择 MCLK 的时钟,0,1 为 DCOCLK,2 为 XT2CLK,3 为 LFXT1CLK。

DIVM1~DIVM0:选择 MCLK 的分频因子,DIVM = 0,1,2,3,对应 MCLK 的分频因子为 1,2,4,8。

SELS:选择 SMCLK 的时钟源,0 为 DCOCLK,1 为 XT2CLK/LFXT1CLK。

DIVS1~DIVS0:DIVS = 0,1,2,3,对应 SMCLK 的分频因子为 1,2,4,8。

DCOR:使能外部电阻器,0 时选择内部电阻,1 时选择外部电阻。

例,设置 BCSCTL2,选定 MCLK 和 SMCLK 的时钟源 XT2,并可以设置其分频因子。

ACLK 只能来源于 LFXT1,可以在 BCSCTL1 里设置 ACLK 的分频,就是说 ACLK 最大只能为 32 768 Hz(XIN 与 XOUT 之间接 32.768 kHz 晶振)。DCOx 一般设置为默认值。

BCSCTL2 设置三个时钟源分别选择什么振荡器。

①选择 MCLK 时钟源为 XT2

BCSCTL2 = SELM_2;

SELS:选择 SMCLK 的时钟源,0 为 DCOCLK,1 为 XT2CLK/LFXT1CLK。

②选择 SMCLK 时钟源为 XT2

BCSCTL2 = SELS;

③选择 MCLK 与 SMCLK 为 XT2

BCSCTL2 = SELM_2 + SELS;

(4)IE1,中断使能寄存器 1,各位定义如表 15.4 所示。

表 15.4　IE1 中断使能寄存器 1

7	6	5	4	3	2	1	0
—	—	—	—	—	—	OFIE	—

7~2 和 0:这些位可以被其他模块使用,本书省略。

OFIE:振荡器故障中断启用。0 时中断未启用,1 时中断启用。

(5)IFG1,中断标志寄存器 1,各位定义如表 15.5 所示。

表 15.5 IFG1 中断标志寄存器 1

7	6	5	4	3	2	1	0
—	—	—	—	—	—	OFIFG	—

7~2 和 0:这些位可以被其他模块使用,本书省略。

OFIFG:振荡器故障中断标志。0 时无中断挂起,1 时中断挂起。

在 PUC 信号后,默认情况下由 DCOCLK 作为 MCLK 与 SMCLK 的时钟信号,由于 DCOCTL 初始值为 60H,所以根据需要可将 MCLK 的时钟源另外设置为 LFXT1 或者 XT2。设置顺序如下:

①清 OSCOFF/XT2。

②清 OFIFG。

③延时等待至少 50 μs。

④再次检查 OFIFG,如果仍置位,则重复①~④,直到 OFIFG=0 为止。

⑤设置 BCSCTL2 的相应 SELM。

3. 继电器

继电器是电子控制器件,由电感线圈和开关构成。当电感线圈通电后,产生磁场,吸引开关动作,实现控制电路的通断。输入和输出间完全隔离,称为隔离器件。

4. 蜂鸣器

蜂鸣器可分为有源蜂鸣器和无源蜂鸣器。有源蜂鸣器是蜂鸣器内部带振荡源,无源蜂鸣器是蜂鸣器内部不带振荡源。有源蜂鸣器加直流电压即可发出声音。

三、硬件实训

1. 继电器电路

继电器电路输入的信号,由 MSP430 单片机 P57 端口控制。当 P57 输出高电平时,三极管 Q1 饱和导通,继电器线圈得电,吸合开关,使 BB1 和 BB2 导通。当 P57 输出低电平时,三极管 Q1 截止,继电器线圈失电,开关恢复原状态,使 BB1 和 BB2 断开,BB1 和 BB0 接通。

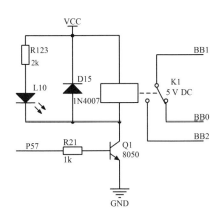

图 15.1　继电器电路图

如图 15.1 所示,L10 为工作状态指示灯,D15 为继电器线圈放电回路二极管。

2. 蜂鸣器电路

蜂鸣器电路信号输入,由 MSP430 单片机 P67 端口控制。当 P67 输入低电平时,三极管 Q6 饱和导通,蜂鸣器 LS1 发声。当 P67 输入高电平时,三极管 Q6 截止,蜂鸣器 LS1 不发声。蜂鸣器电路如图 15.2 所示。

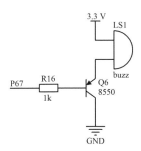

图 15.2　蜂鸣器电路图

3. 设计要求

(1)设计编程输出控制继电器交替工作,LED 交替闪烁。

(2)用按键控制蜂鸣器发音的音调。P1.0 按下后用 2 kHz 方波驱动蜂鸣器,P1.1 按下后用 4 kHz 方波驱动蜂鸣器,P1.2 按下后用 6 kHz 方波驱动蜂鸣器,P1.3 按下后停止发音。

4. 程序设计

(1)程序 1

```
#include <msp430x14x. h>
#define u8 unsigned char
#define u16 unsigned int
void delay( u16 z)
```

```
{
  u16 y;
  while(z--)
    for(y=0;y<80;y++);
}
void main()
{
  WDTCTL=WDTPW+WDTHOLD;
  P2DIR=0xff;
  P5DIR=0x80;
  while(1)
  {
    P5OUT&=~BIT7;
    P2OUT=0x00;
    delay(500);
    P5OUT|=BIT7;
    P2OUT=0xff;
    delay(500);
  }
}
```

（2）程序2

```
#include <msp430x14x.h>
#define key (P1IN&0x0f)
#define u8 unsigned char
#define u16 unsigned int
u8 step=255;
void delay(u16 z)
{
  u16 y;
  while(z--)
    for(y=0;y<80;y++);
}
void main(void)
```

```
{
  WDTCTL=WDTPW+WDTHOLD;
  BCSCTL1&=~XT2OFF;
  do
  {
    IFG1&=~OFIFG;
    delay(3);
  }
  while(IFG1&OFIFG);
  BCSCTL2|=SELM_2+SELS;
  TACTL|=TASSEL_2+ID_3+MC_1;
  P1IES=0x0f;//下降沿触发
  P1IE=0x0f;//中断
  P1DIR=BIT7;
  P1OUT=0;
  P2DIR=0xff;
  P2OUT=0xff;
  P6DIR|=BIT7;
  P6OUT|=BIT7;
  _EINT();
  LPM1;
}
#pragma vector=TIMERA0_VECTOR
_interrupt void TIMER_A(void)
{
  P6OUT^=BIT7;
}
#pragma vector=PORT1_VECTOR
_interrupt void PORT1_ISR(void)
{
  if(P1IFG&0x0f)
  {
    switch(P1IFG)
    {
      case0x01:if(key==0x0e)
```

```
                        {
                            delay(10);
                            if(key = = 0x0e)
                            {
                                while(key! = 0x0f);
                                TACCR0 = 250;
                                TACCTL0 | = CCIE;
                                P2OUT = 0xfe;
                                P1IFG = 0;
                                return;
                            }
                        }
            case 0x02:if(key = = 0x0d)
                        {
                            delay(10);
                            if(key = = 0x0d)
                            {
                                while(key! = 0x0f);
                                TACCR0 = 125;
                                TACCTL0 | = CCIE;
                                P2OUT = 0xfd;
                                P1IFG = 0;
                                return;
                            }
                        }
            case 0x04:if(key = = 0x0b)
                        {
                            delay(10);
                            if(key = = 0x0b)
                            {
                                while(key! = 0x0f);
                                TACCR0 = 83;
                                TACCTL0 | = CCIE;
                                P2OUT = 0xfb;
```

```
                        P1IFG = 0;

                        return;

                    }

                }

        case 0x08 : if( key = = 0x07 )

                    {

                        delay( 10 ) ;

                        if( key = = 0x07 )

                        {

                            while( key! = 0x07 ) ;

                            P6OUT | = BIT7 ;

                            TACCTL0& = ~ CCIE ;

                            P2OUT = 0xf7 ;

                            P1IFG = 0 ;

                            return ;

                        }

                    }

        default :

                    while( key! = 0x0f ) ;

                    P1IFG = 0 ;

                    return ;

            }

        }

    P1IFG = 0 ;

}
```

5. 结果与分析

继电器间隔闭合,同时 LED 闪烁。按键 P1.0~P1.3 按下,蜂鸣器分别发出不同频率的声音,K20 按下关闭蜂鸣器。

四、仿真实训

1. 设计要求

设计 MSP430F249 控制继电器电路,编程实现其功能。

2. 仿真电路

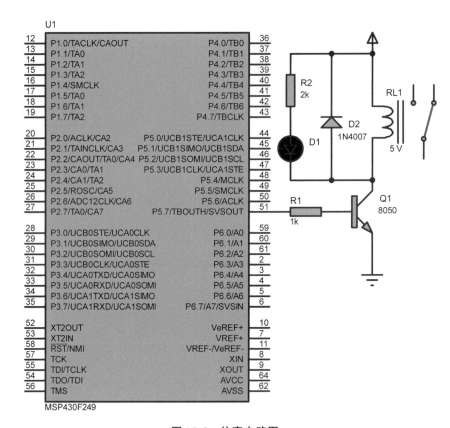

图 15.3　仿真电路图

3. 程序设计

```
#include <msp430x24x. h>
#define u8 unsigned char
#define u16 unsigned int
void delay(u16 z)
{
  u16 y;
  while(z--)
    for(y=0;y<80;y++);
}
void main(void)
{
  WDTCTL=WDTPW+WDTHOLD;
  P5DIR=0x80;
```

```
   P5OUT| = BIT7;
  while( 1 )
  {
     P5OUT& = ~ BIT7;
     delay( 1000 );
     P5OUT| = BIT7;
     delay( 1000 );
  }
}
```

4. 仿真结果与分析

启动仿真按钮后,继电器 RL1 按照设定的时间间隔实现吸合和断开的功能,吸合时 LED 点亮,反之 LED 熄灭。

五、思考题

1. 利用 P2 连接 8 个 LED,控制输出继电器交替工作,LED 交替闪烁,延时时间读者自己设定。

2. MCU 控制蜂鸣器演奏歌曲,聆听蜂鸣器"唱出"的乐曲,歌曲读者自己选定。

3. MCU 控制蜂鸣器演奏歌曲《祝你平安》,聆听蜂鸣器"唱出"的乐曲。

4. 用固定频率的方波驱动蜂鸣器,共 16 种音调。在蜂鸣器发出不同音调的同时,LED 发光并以二进制数字形式指示当前音调的编码 1 ~ 16。聆听蜂鸣器发声的音调变化。

实训十六　超声波测距显示

一、实训目的

1. 了解超声波测距的原理。
2. 掌握超声波测距电路。
3. 学会超声波测距模块的编程方法。

二、实训原理

由于超声波指向性强,能量消耗缓慢,在介质中传播的距离较远,所以超声波经常用于距离的测量。超声波发射器发射超声波,在发射时刻同时开始计时,超声波在空气中传播,碰到障碍物后立即返回来,超声波接收器收到反射波后就立即停止计时。超声波在空气中的传播速度为 340 m/s,超声波往返的时间间隔为 t,超声波发射器到障碍物的距离为 s,所以 $s = 340t/2$。

本实训采用的是 HC-SR04 超声波模块。该模块的时序如图 16.1 所示。

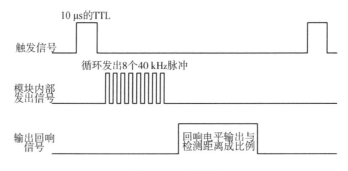

图 16.1　时序图

根据时序图可知,该模块提供一个至少 10 μs 的脉冲触发信号后,内部将产生 8 个 40 kHz 的脉冲,并自动检测回波信号。当检测到回波信号后,则输出一高电平信号(回响信号),回响信号持续的时间是发射信号到接收到回响信号的时间间隔,并与检测距离成正比,即距离=回响信号持续的时间×声速/2。

为了防止发射信号对回响信号的影响,建议测量周期至少为 60 ms。

三、硬件实训

1. 硬件电路

HC-SR04 超声波模块典型工作电压为 5 V,探测距离为 2～450 cm,精度可达 0.3 cm。该模块接口有 4 个引脚,引脚说明如表 16.1 所示,硬件电路图如图 16.2 所示。

表 16.1　模块引脚说明

引脚	说明
VCC	电源正极
Trig	控制端
Echo	接收端
GND	电源地

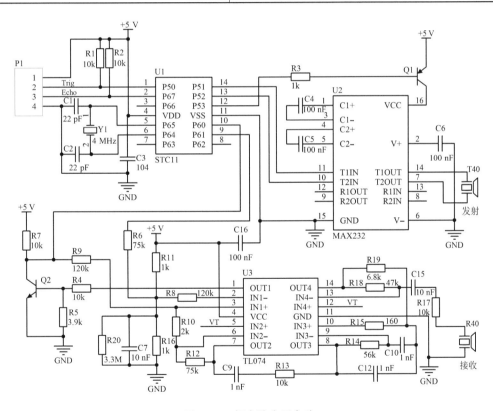

图 16.2　超声波应用电路

2. 设计要求

利用 MSP430F149 单片机和 HC-SR04 超声波模块进行编程,实现距离的测量。

3. 程序设计

```
#include <msp430x14x. h>
```

```
#define u8 unsigned char
#define u16 unsigned int
#define h_wei P5OUT| = BIT5
#define l_wei P5OUT& = ~ BIT5
#define l_duan P6OUT& = ~ BIT6
#define h_duan P6OUT| = BIT6
u16 cpt_cvt[2] = {0};
u16 cpt = 0, i = 0;
int dis = 0.0;
u8 distance[4] = {0};
u8 flag = 0, cnt = 0;
u8 sg[16] = {0x3f, 0x06, 0x5b, 0x4f, 0x66, 0x6d, 0x7d, 0x07,
            0x7f, 0x6f, 0x77, 0x7c, 0x39, 0x5e, 0x79, 0x71};
void ults_trig()
{
  P1OUT| = BIT0;
  _delay_cycles(5);
  P1OUT& = ~ BIT0;
  _delay_cycles(5);
}
void main(void)
{
  WDTCTL = WDT_ADLY_1_9;
  IE1| = WDTIE;
  P5DIR| = BIT5;
  P6DIR| = BIT6;
  P4DIR = 0xff;
  P1DIR| = BIT0;
  P1DIR& = ~ BIT1; //P1.1 为输入捕获
  P1SEL| = BIT1; //设 P1.1 为 TA1 功能
  TACCTL0 = CM_3+SCS+CCIS_0+CAP+CCIE;
  TACTL = TASSEL_1+MC_2;
  _EINT();
  while(1)
```

```
    {
      ults_trig();
      _delay_cycles(60000);
      _delay_cycles(60000);
      _delay_cycles(60000);
    }
}
#pragma vector=TIMERA0_VECTOR
_interrupt void TIMERA0(void)
{
    cpt_cvt[i]=TAR;
    i++;
    if(TACTL&TAIFG)
    {
      TACTL&=~TAIFG;
      flag++;
    }
    if(i==2)
    {
      cpt=flag*65535+cpt_cvt[1]-cpt_cvt[0];
      dis=(int)((cpt/32768.0)*170*1000);
      distance[0]=sg[dis/1000];
      distance[1]=sg[dis/100%10];
      distance[2]=sg[dis/10%10]+0x80;
      distance[3]=sg[dis%10];
      flag=0;
      i=0;
    }
}
#pragma vector=WDT_VECTOR
_interrupt void wat_timer(void)
{
    P4OUT=0x00;
    h_duan;
    P4OUT=distance[cnt];
    l_duan;
```

```
    h_wei;
    P4OUT = ~ (1<<cnt);
    l_wei;
    cnt++;
    if( cnt = = 4)
       cnt = 0;
}
```

4. 结果与分析

电路连接好后,首先断开超声波模块的电源正极,将目标程序下载到 MSP430F149 芯片中,然后连接模块的电源正极,4 位数码管显示测量距离。

四、仿真实训

1. 设计要求

利用 Proteus 软件中的 MSP430F249 单片机和 HC-SR04 超声波模块实现距离的测量,本实训采用4位数码管显示距离。

2. 仿真电路

在 Proteus 软件中搜索单片机 MSP430F249、超声波模块 HC-SR04、数码管 7SEG-MPX4-CC、锁存器 74HC573、排阻 RESPACK-8、电阻 RES。电路如图 16.3 所示。

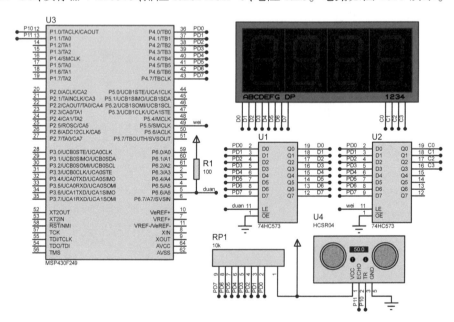

图 16.3 超声波测距仿真电路

3. 程序设计

```
#include <msp430x24x.h>
#define u8 unsigned char
#define u16 unsigned int
#define h_wei P5OUT|-BIT5
#define l_wei P5OUT&=~BIT5
#define l_duan P6OUT&=~BIT6
#define h_duan P6OUT|=BIT6
u16 cpt_cvt[2]={0};
u16 cpt=0,i=0;
int dis=0.0;
u8 distance[4]={0};
u8 flag=0,cnt=0;
u8 sg[16]={0x3f,0x06,0x5b,0x4f,0x66,0x6d,0x7d,0x07,
           0x7f,0x6f,0x77,0x7c,0x39,0x5e,0x79,0x71};
void ults_trig()
{
  P1OUT|=BIT0;
  _delay_cycles(5);
  P1OUT&=~BIT0;
  _delay_cycles(5);
}
void main(void)
{
  WDTCTL=WDT_ADLY_1_9;
  IE1|=WDTIE;
  P5DIR|=BIT5;
  P6DIR|=BIT6;
  P4DIR=0xff;
  P1DIR|=BIT0;
  P1DIR&=~BIT1;//P1.1 为输入捕获
  P1SEL|=BIT1;//设 P1.1 为 TA1 功能
  TACCTL0=CM_3+SCS+CCIS_0+CAP+CCIE;
  TACTL=TASSEL_1+MC_2;
```

```
    _EINT();
    while(1)
    {
        ults_trig();
        _delay_cycles(60000);
        _delay_cycles(60000);
        _delay_cycles(60000);
    }
}
#pragma vector = TIMERA0_VECTOR
_interrupt void TimerA0(void)
{
    cpt_cvt[i] = TAR;
    i++;
    if(TACTL&TAIFG)
    {
        TACTL& = ~TAIFG;
        flag++;
    }
    if(i = =2)
    {
        cpt = flag * 65535+cpt_cvt[1]-cpt_cvt[0];
        dis = (int)((cpt/32768.0) * 170 * 1000);
        distance[0] = sg[dis/1000];
        distance[1] = sg[dis/100%10];
        distance[2] = sg[dis/10%10]+0x80;
        distance[3] = sg[dis%10];
        flag = 0;
        i = 0;
    }
}
#pragma vector = WDT_VECTOR
_interrupt void wat_timer(void)
{
```

```
    P4OUT=0x00;
    h_duan;
    P4OUT=distance[cnt];
    l_duan;
    h_wei;
    P4OUT=~(1<<cnt);
    l_wei;
    cnt++;
    if(cnt==4)
        cnt=0;
}
```

4. 仿真结果与分析

在 Proteus 软件里, 将 MSP430F249 中的 MCLK 设置为 8 MHz, ACLK 设置为 32 768 Hz。运行仿真后, 数码管显示当前的测量距离。单击超声波传感器上的调节按键改变测量距离, 但是数码管上不能立即显示当前测量距离, 需要耐心等待一段时间, 改变值越大, 等待时间越长。如果不想等待, 可以直接单击停止仿真按钮, 然后再单击开始仿真按钮, 数码管将显示当前测量距离。

五、思考题

1. 利用超声波模块设计近距离报警器, 并编写程序实现。

2. 在本实训中, 将超声波测距的数码管显示更换为 LCD1602 液晶显示器显示。

参考文献

[1]张晞，王德银，张晨. MSP430 系列单片机实用 C 语言程序设计[M]. 北京:人民邮电出版社, 2005.

[2]胡大可. MSP430 系列单片机 C 语言程序设计与开发[M]. 北京:北京航空航天大学出版社, 2003.

[3]朱清慧，张凤蕊，翟天嵩，等. Proteus 教程——电子线路设计、制版与仿真[M]. 修订版. 北京:清华大学出版社, 2023.

[4]谭浩强. C 程序设计[M]. 4 版. 北京:清华大学出版社, 2010.

[5]任保宏，徐科军. MSP430 单片机原理与应用——MSP430F5xx/6xx 系列单片机入门、提高与开发[M]. 2 版. 北京:电子工业出版社, 2018.

[6]杜凯，陈丹. MSP430 系列单片机原理、应用与 Proteus 仿真[M]. 北京:人民交通出版社股份有限公司, 2022.

[7]陈中，陈冲. 基于 MSP430 单片机的控制系统设计[M]. 北京:清华大学出版社, 2017.

[8]施保华，赵娟，田裕康. MSP430 单片机入门与提高——全国大学生电子设计竞赛实训教程[M]. 武汉:华中科技大学出版社, 2013.